重庆邮电大学科研基金项目（K2016-51）

光明社科文库
GUANGMING DAILY PRESS:
A SOCIAL SCIENCE SERIES

·文学与艺术书系·

巴蜀美学史稿

谭玉龙 | 著

光明日报出版社

图书在版编目（CIP）数据

巴蜀美学史稿 / 谭玉龙著 . -- 北京：光明日报出版社，2021.4

ISBN 978 - 7 - 5194 - 5894 - 2

Ⅰ.①巴… Ⅱ.①谭… Ⅲ.①美学史—研究—四川—古代 Ⅳ.①B83 - 092

中国版本图书馆 CIP 数据核字（2021）第 057091 号

巴蜀美学史稿

BASHU MEIXUE SHIGAO

著　　者：谭玉龙			
责任编辑：杨　娜		责任校对：张　幽	
封面设计：中联华文		责任印制：曹　净	

出版发行：光明日报出版社

地　　址：北京市西城区永安路 106 号，100050

电　　话：010 - 63169890（咨询），010 - 63131930（邮购）

传　　真：010 - 63131930

网　　址：http://book. gmw. cn

E - mail：yangna@ gmw. cn

法律顾问：北京德恒律师事务所龚柳方律师

印　　刷：三河市华东印刷有限公司

装　　订：三河市华东印刷有限公司

本书如有破损、缺页、装订错误，请与本社联系调换，电话：010 - 63131930

开　　本：170mm×240mm

字　　数：174 千字　　　　　　印　　张：14. 5

版　　次：2021 年 4 月第 1 版　　印　　次：2021 年 4 月第 1 次印刷

书　　号：ISBN 978 - 7 - 5194 - 5894 - 2

定　　价：95. 00 元

目 录
CONTENTS

引言 巴、蜀，巴蜀文化与巴蜀美学

今日之四川、重庆在古代被称为巴蜀，但在秦并巴、蜀以前，巴是巴，蜀是蜀，两者并未合称。

甲骨文中已有"巴"字，写作"𢀳""𢀳"①，它是一个地域名称。生活在"巴"地的人称为巴人或巴族。殷墟卜辞有"贞王比沚□伐巴方"②"癸丑卜，亘，贞王比奚伐巴"③"壬申卜，争，贞令妇好比沚□伐巴方，受□又"④ 等记载。可见，"巴"是相对于中央王国的方国，故称"巴方"。简言之，"巴"既是地域名、族名，又是方国名。《华阳国志·巴志》载："其地东至鱼复，西至僰道，北接汉中，南极黔、涪。"⑤ 即巴地"北达陕南，中经嘉陵江和汉水上游西部，南及黔东和湘西"⑥。《华阳国志·巴志》又载："其属有濮、賨、苴、

① 于省吾. 甲骨文字诂林：第 1 册 ［M］. 北京：中华书局，1996：342.
② 郭沫若，胡厚宣. 甲骨文合集：第 1 册 ［M］//曹锦炎，沈建华. 甲骨文校释总集：卷 1. 上海：上海辞书出版社，2006：15.
③ 郭沫若，胡厚宣. 甲骨文合集：第 3 册 ［M］//曹锦炎，沈建华. 甲骨文校释总集：卷 3. 上海：上海辞书出版社，2006：802.
④ 郭沫若，胡厚宣. 甲骨文合集：第 3 册 ［M］//曹锦炎，沈建华. 甲骨文校释总集：卷 3. 上海：上海辞书出版社，2006：804.
⑤ 常璩. 华阳国志校注 ［M］. 刘琳，校注. 成都：巴蜀书社，1984：25.
⑥ 段渝. 四川简史 ［M］. 成都：四川人民出版社，2019：33.

共、奴、獽、夷蜑之蛮。"① 巴人或巴族是濮、賨、苴、共、奴、獽、蜑诸族的统称。春秋战国之际，巴国南移入渝，先后在今重庆主城、合川、丰都和四川阆中建立都城。② 可以说，春秋战国以后，巴国的区域以川东和重庆为中心。《左传·桓公九年》载："巴子使韩服告于楚，请与邓为好。"③《华阳国志·巴志》载："（禹）会诸侯于会稽，执玉帛者万国，巴、蜀往焉。周武王伐纣，实得巴、蜀之师，著乎《尚书》。"④ 这说明，作为方国的"巴"很早就与中原王朝有往来，并参与中原事务。关于蜀，《华阳国志·蜀志》曰"蜀之为国，肇于人皇，与巴同囿"⑤。邓少琴先生认为，殷墟卜辞中的"人方"就是人皇⑥。故"蜀"也是一个方国，它的主体民族为蜀族。蜀族本为氐羌族的一支，活动在岷江上游。扬雄《蜀王本纪》曰："蜀之先称王者，有蚕丛、柏灌、鱼凫、蒲泽、开明。是时人萌椎髻左衽，不晓文字，未有礼乐。"⑦ 据有关学者研究，鱼凫统一了成都平原，以成都平原为中心建立政权，今广汉三星堆遗址正是其都城所在地⑧。除上文所引《华阳国志·巴志》外，《尚书·牧誓》亦载："王曰：'嗟！我友邦冢君御事，司徒、司马、司空，亚旅、师氏，千夫长、百夫长，及庸，蜀、羌、髳、微、卢、彭、濮人。称尔戈，比尔干，立尔矛，

① 常璩. 华阳国志校注［M］. 刘琳，校注. 成都：巴蜀书社，1984：28.
② 段渝. 四川简史［M］. 成都：四川人民出版社，2019：40.
③ 左丘明，传. 杜预，注. 孔颖达，疏. 春秋左传正义［M］//阮元，校刻. 十三经注疏：下册. 北京：中华书局，1980：1754.
④ 常璩. 华阳国志校注［M］. 刘琳，校注. 成都：巴蜀书社，1984：21.
⑤ 常璩. 华阳国志校注［M］. 刘琳，校注. 成都：巴蜀书社，1984：175.
⑥ 邓少琴. 巴蜀史迹探索［M］. 成都：四川人民出版社，2019：150–151.
⑦ 严可均，校辑. 全上古三代秦汉三国六朝文：第 1 册［M］. 北京：中华书局，1958：414.
⑧ 段渝. 四川简史［M］. 成都：四川人民出版社，2019：55.

予其誓。'"① 可见，蜀与巴一样，从大禹时代开始就与中原王朝有所往来，也参与中原事务。

公元前316年，秦灭巴、蜀，设巴郡和蜀郡，后又分巴蜀而设汉中郡。巴、蜀从原来的方国成为中央王朝统治下的地方行政区域。此后巴蜀多连称，如"然汉王起巴蜀，鞭笞天下"（《说苑·奉使》)②；"南取汉中，西举巴蜀"（《新书·过秦上》)③；"南有巴蜀之饶"（《新序·善谋下》)④。汉高祖六年（前201）分蜀郡东部而设广汉郡……巴蜀地区的建置随王朝的更替而变化较多，但始终未变的是"以四川盆地为中心，兼及周边地区而风俗略同的稳定的地域共同体。它的腹心地区大致与今日四川省和重庆市的范围相当"⑤。

总之，在秦并巴、蜀以前，巴、蜀既是地名、族名，又是方国名；秦并巴、蜀后，巴、蜀成为中央王朝统治下的地方行政区。再加上巴与蜀自古毗邻，经济、技术、文化交流密切，且使用相同的巴蜀文字，在战国以后逐渐形成我们今日所谓的"巴蜀文化"⑥，故"巴蜀"成为人们对以四川盆地为中心的西南地区的称谓。

包含人在内的天地万物都存在于宇宙之中，世上没有脱离宇宙而存在的人和物。《淮南子·齐俗训》曰："往古来今谓之宙，四方上下谓之宇。"⑦ 所以，天地万物既是时间性存在，又是空间性存在。同时，天地万物也会随时间或空间的变化而呈现出不同的特点，人类所

---

① 孔安国，传. 孔颖达，疏. 尚书正义［M］//阮元，校刻. 十三经注疏：上册. 北京：中华书局，1980：183.

② 刘向. 说苑疏证［M］. 赵善诒，疏证. 上海：华东师范大学出版社，1985：333.

③ 贾谊. 新书校注［M］. 阎振益，钟夏，校注. 北京：中华书局，2000：1.

④ 刘向. 新序疏证［M］. 赵善诒，疏证. 上海：华东师范大学出版社，1989：288.

⑤ 张在德，唐建军. 中国地域文化通览：四川卷［M］. 北京：中华书局，2014：4.

⑥ 段渝. 四川通史：卷1·先秦［M］. 成都：四川人民出版社，2010：179.

⑦ 刘文典. 淮南鸿烈集解：上册［M］. 北京：中华书局，1989：362.

进行的审美和艺术活动以及对审美和艺术的反思也不例外。而美学正是"对美和艺术所做的理论上的反思"①，所以中华美学思想除会因时代变迁而呈现出不同特点、倾向等外，还会因空间的不同彰显出地域特征。孟德斯鸠（Montesquieu）、史达尔夫人（Madame de Stael）、丹纳（Taine）等西方学者对这一问题甚为关注，进行了较深入的研究，福柯（Michel Foucault）也提到，我们的思想"具有我们的时代和我们的地理的特征"②。此外，我国古人对此也发表过较多看法，如《礼记·王制》曰："凡居民材，必因天地寒暖、燥湿，广谷、大川异制。民生其间者异俗，刚柔轻重，迟速异齐，五味异和，器械异制，衣服异宜。修其教，不易其俗；齐其政，不易其宜。"③ 人们的性情及其对饮食、服饰等好恶会因山川、气候、空气等自然环境的不同而有所差异，形成区域性的风俗或风格。刘勰《文心雕龙·物色》曰："若乃山林皋壤，实文思之奥府，略语则阙，详说则繁。然则屈平所以能洞监《风》、《骚》之情者，抑亦江山之助乎?"④ 深山、密林、平原、广泽都是滋养文艺创作的宝藏，屈原之所以能够感悟《诗经·国风》之情，创作出《离骚》，正是由于自然山川的帮助。钟嵘《诗品序》曰："气之动物，物之感人，故摇荡性情，行诸舞咏。"⑤ 艺术创作的动力虽然是情，但情由包含自然环境在内的"物"所激发。由"江山之助""物之感人"可知，自然环境可直接作用于审美创作，进而影

---

① 高建平. "美学"的起源 [J]. 社会科学战线，2008（10）：164 – 177.
② 米歇尔·福柯. 词与物：人文科学的考古学 [M]. 修订译本. 莫伟民，译. 上海：上海三联书店，2016：1.
③ 郑玄，注. 孔颖达，疏. 礼记正义 [M] //阮元，校刻. 十三经注疏：上册. 北京：中华书局，1980：1338.
④ 刘勰. 文心雕龙注：下册 [M]. 范文澜，注. 北京：人民文学出版社，1958：694 – 695.
⑤ 钟嵘. 诗品注 [M]. 陈延杰，注. 北京：人民文学出版社，1961：1.

响当地人们对美和艺术的反思，形成具有地域特色的审美观。因此，我们除应关注中华美学思想的时间性维度（历史变迁）外，还应对其空间性进行思考与研究。诚如钟仕伦先生所言："审美意识上的差异是由历史的和自然的因素所造成的，忽视其中的任何一方，都不可能使我们的研究得出科学的结论。"① 这也是我们进行巴蜀地域美学史研究的原因和意义所在。

美学是对美和艺术的理性反思和理论概括，所以巴蜀美学史的研究是对历朝历代（秦并巴蜀至清代）巴蜀中人的呈现为理论形态的美学思想的研究。这些美学思想保存在巴蜀中人创作的哲学、文论和其他艺术理论的典籍文献之中。那什么样的人才算巴蜀中人呢？曾大兴曾指出，"籍贯"含义有四：（1）本籍，即本人的出生成长之地；（2）客籍，即本人的迁徙之地；（3）祖籍，即祖辈的居住之地；（4）郡望，指这一姓氏中最有名望的家族所在地。② 所以，最理想的巴蜀中人是祖辈生活在巴蜀，自己出生在巴蜀，一生生活在巴蜀的人。但这样的人在巴蜀文化史、美学史上十分少见。比如汉代巴蜀哲学家扬雄，《汉书·扬雄传》记载他是"蜀郡成都人"③，但他的祖辈却是先秦晋人，因避乱而南下到今重庆巫山，后又迁往今成都郫都区，所以扬雄的祖籍非巴蜀。扬雄四十二岁以后又离开巴蜀，前往京师长安。可见，蜀郡成都（或郫县）指的是扬雄的"本籍"。而"本籍"是我们对巴蜀美学史上巴蜀中人的重要判定标准。因为出生成长地的文化就是"本籍文化"，它是哲学家、文学家、艺术家的"文化母体"④。一个

---

① 钟仕伦. 南北文化与美学思潮 [M]. 成都：四川大学出版社，1995：32.
② 曾大兴. 文学地理学研究 [M]. 北京：商务印书馆，2012：13.
③ 班固. 汉书：第11册 [M]. 北京：中华书局，1962：3513.
④ 曾大兴. 文学地理学研究 [M]. 北京：商务印书馆，2012：19.

人的人生观、价值观和世界观，以及蕴含其中的审美观主要是在"本籍文化"中孕育生成的。基于此，只要出生和成长于巴蜀地区或至少青少年阶段在巴蜀中度过的哲学家、文学家、艺术家等就是巴蜀美学史上的巴蜀中人，他们对美和艺术的理性反思和理论概括就是巴蜀美学应该研究的对象。

中华文化由中华各区域文化多元融合而成，巴蜀文化是其中不可少的区域文化之一，"从广义的角度上看，巴蜀文化是指从古至今以四川盆地为中心，以历史悠久的巴文化和蜀文化为主体，包括周邻地区少数民族文化在内的多元复合文化的总汇"①。巴蜀文化博大精深，包含经济、政治、精神文化等多个子系统，所以巴蜀美学是巴蜀文化的一部分，它着重体现的是巴蜀文化中的审美、艺术之侧面，而且巴蜀文化的研究时常启发着巴蜀美学的研究。早在 20 世纪 40 年代，对巴蜀文化的研究就已经开始。徐中舒的《古代四川之文化》（1941）、顾颉刚的《古代巴蜀与中原的关系说及其批判》（1941）、郑德坤的《四川古代文化简史》（1945）皆是巴蜀文化早期研究的成果。中华人民共和国成立以后，蒙文通、童恩正等先生相继加入巴蜀文化的研究队伍，并发表了一系列理论成果。80 年代以后，巴蜀文化的研究进入全面繁荣的时期。无论是从质量、数量上，还是从研究角度、方法上，80 年代以后的研究较早期阶段都有巨大的提升。对巴蜀美学的研究则是在巴蜀文化研究进入全面繁荣时期以后才逐渐起步的。90 年代是巴蜀美学研究的草创阶段，对该领域的研究多从文物考古入手，侧重巴蜀审美意识的探讨。钟仕伦先生的研究就是这一阶段的代表。钟先生通过对三星堆遗址中的"树神"进行探索，揭示出巴蜀先民们独特的

---

① 段渝. 巴蜀文化史［M］. 成都：四川人民出版社，2012：1.

"树神崇拜意识"，而这种自然崇拜意识积淀到司马相如、扬雄、王褒等人的"赋家之心"之中，如"巴蜀树神崇拜意识在司马相如、扬雄、王褒的文学创作中则表现为一种审美意识，或者说在司马相如等人的审美心理结构中积淀着这种树神崇拜意识"①。

进入 20 世纪后，巴蜀美学的研究开始步入新的阶段——既有美学思想的研究，也有审美意识的研究。李凯专门研究了宋代苏氏蜀学文艺思想的巴蜀文化特征，揭示出"苏氏文艺思想的形成与巴蜀文化中的两汉先贤意识、杂学色彩、切人事重抒情、尚操守重节气、富异端色彩和反叛精神等关系至密"的特点②。李天道则通过对司马相如的审美主体修养论、审美构思特征论、审美想象论、审美灵感论等的研究，阐明他对巴蜀地区形成任性自由、任情而作的审美心态的影响③。苏宁侧重于巴蜀审美意识的研究，她从审美的角度对三星堆进行了阐释：一方面认为三星堆的文物"是当时最高精神理念和审美感觉的象征物"④；另一方面，她又通过这些象征物构建了一系列代表史前巴蜀审美意识的三星堆审美范畴，如"生生不息""以神幻道""仙化之美""以易制器""大美与崇高""朴拙之美"。郑家治、李咏梅两位学者专门对明清时期的巴蜀诗学展开了研究。他们通过对杨慎、费经虞、彭端淑等明清时期重要的巴蜀学者的诗学思想进行史论结合的研究，揭示出古代巴蜀诗学的成就、特点与产生的原因等，并指出巴蜀

---

① 钟仕伦. 南北文化与美学思潮 [M]. 成都：四川大学出版社，1995：79.
② 李凯. 苏氏蜀学文艺思想的巴蜀文化特征 [J]. 四川师范大学学报（社会科学版），2001（5）：83 – 88.
③ 李天道. 司马相如赋的美学思想与地域文化心态 [M]. 北京：中国社会科学出版社，北京：华龄出版社，2004：368.
④ 苏宁. 三星堆的审美阐释 [M]. 成都：巴蜀书社，2007：2.

诗学在基本理论上的一以贯之特点①。李天道于 2010 年又推出了一部新著《西部地域文化心态与民族审美精神》，其中的"西南篇"是对巴蜀审美精神的研究。他认为，巴蜀地域文化对巴蜀审美精神产生了重要影响，同时，巴蜀审美精神又反过来对巴蜀地域文化产生了影响。此外，他还总结出巴蜀审美精神具有"冲决、大胆进取""重生、活力四溅""自由、热情四溅""古老、深邃神秘"的多元共存的特点。②

2010 年以后，关于巴蜀美学的研究又有了新的增长点。苏宁将巴蜀美学研究的视野放到了 20 世纪。在其新著《中国·四川抗战时期的美学家研究》中，她对原四川师范学院教授李安宅（1900—1985）进行了研究，阐述了李先生在抗战时期的美学观点，并给予他在中国现代美学史上应有的地位。③ 李凯也出版了专著《巴蜀文艺思想史论》。该著梳理了从汉代至现代的巴蜀文艺思想发展史，其中亦有从三星堆入手探讨"巴蜀审美意识的发生"的内容。作者认为，三星堆是"巴蜀文学艺术不同于他方文学艺术的来源所在"④。

总体上看，20 多年来的巴蜀美学研究已在巴蜀区域审美意识的起源、巴蜀审美意识对巴蜀美学思想的影响、巴蜀审美精神的特点等方面取得了不小成就，促进和完善了巴蜀文化的研究，呈现出通史、通论研究的趋势。当然，由于巴蜀美学研究起步相对较晚、研究队伍较小等原因，对该领域的研究与讨论还存在巨大空间。如巴蜀审美意识

① 郑家治，李咏梅. 明清巴蜀诗学研究：下册 [M]. 成都：巴蜀书社，2008：830.
② 李天道. 西部地域文化心态与民族审美精神 [M]. 北京：中国社会科学出版社，2010：220－247.
③ 苏宁. 中国·四川抗战时期的美学家研究 [M]. 北京：中国文联出版社，2015：243.
④ 李凯. 巴蜀文艺思想史论 [M]. 北京：商务印书馆，2016：68.

与其他地域审美意识互动问题，除文学中的巴蜀审美意识外的其他艺术中的巴蜀审美意识问题，古代巴蜀美学的现代转型与当代价值等问题都值得继续研究。但无论如何，以上研究成果都是我们今天开展巴蜀美学史研究的重要基础与重要参考。

第一章

两汉三国时期的巴蜀美学

第一节　司马相如的美学思想

赋是中国文学的一种独特体裁，从先秦"楚骚"演化而来，介于诗和散文之间，在战国末期逐渐形成，荀子、宋玉使其"与诗画境"（《文心雕龙·诠赋》）①。赋到汉代走向全面兴盛，两汉赋家之多、赋作之盛，对后世影响也极大，所以汉代也被称为"赋的时代"②。经过汉代赋家的努力，汉赋跻身唐诗、宋词、元曲之列，成为中国文学中的重要文体之一。司马相如（前179—前118，今四川成都人）正是赋进入全盛时期的代表。海外汉学家认为，董仲舒之于哲学，司马迁之于史学，司马相如之于文学，为汉代"精神的发展"给予了巨大支持，他们三人使"诗、哲学和历史写作都得到了新的动力"③。挚虞

---

① 刘勰. 文心雕龙注：上册 [M]. 范文澜，注. 北京：人民文学出版社，1958：134.
② 高光复. 赋史述略 [M]. 长春：东北师范大学出版社，1987：31.
③ 崔瑞德，鲁惟一. 剑桥中国秦汉史（公元前221—公元220年）[M]. 杨品泉，等，译. 北京：中国社会科学出版社，1992：185.

《文章流别论》曰：“赋者，敷陈之称，古诗之流也。……所以假象尽辞，敷陈其志。”① 刘勰《文心雕龙·诠赋》曰：“赋者，铺也，铺采摛文，体物写志也。”②“敷陈”“铺”揭示出赋在遣词造句和状物叙事方面具有夸张、铺陈的特点，“敷陈其志”“体物写志”则说明赋在遣词造句、状物叙事的同时也表达出赋家自己的思想情感，因为“意，志也”（《说文解字·心部》）③。司马相如的美学思想正蕴含在他所创作出的赋之“志”中。

在《子虚赋》和《上林赋》中④，司马相如虚构了“子虚”“乌有先生”和“无是公”三位人物，他们围绕“乐”（lè）进行了深入讨论，其中呈现出司马相如自己的审美追求。在《子虚赋》和《上林赋》中一共出现了三种“乐”——齐王之乐、楚王之乐和无是公之乐。《子虚赋》载：

> 王驾车千乘，选徒万骑，田于海滨。列卒满泽，罘罔弥山。掩兔辚鹿，射麇脚麟，骛于盐浦，割鲜染轮。射中获多，矜而自功。顾谓仆曰：“楚亦有平原广泽游猎之地饶乐若此者乎？楚王之猎孰与寡人乎？”⑤

这里的“王”指齐王，“仆”是子虚。齐王架着千乘车马，挑选万名骑士，在海边进行田猎。此种描绘甚是夸张，但显示出齐王田猎

---

① 严可均，校辑. 全上古三代秦汉六朝文：第2册［M］. 北京：中华书局，1958：1905.

② 刘勰. 文心雕龙注：上册［M］. 范文澜，注. 北京：人民文学出版社，1958：134.

③ 许慎. 说文解字注［M］. 段玉裁，注. 上海：上海古籍出版社，1981：502.

④ 《子虚赋》和《上林赋》在《史记》《汉书》中本连为一篇，萧统将其收入《文选》中后，分为两篇。

⑤ 司马相如. 司马相如集校注［M］. 金国永，校注. 上海：上海古籍出版社，1993：3.

之宏大场面。于是，齐王问子虚，楚国也有像这样的平原大泽供田猎游玩吗？楚王与我相比，谁的田猎更壮观呢？由此可见，齐王之"乐"就是以"平原广泽游猎"为乐。

于是，子虚假装谦虚地回答道，楚国有七个大泽，他只去过其中极小的一个，叫"云梦"，而"云梦者，方九百里，其中有山焉"（《子虚赋》）①。接着，子虚详细描绘了云梦中的山、水、植物、动物及其呈现出的壮丽景象，如"众物居之，不可胜图""获若雨兽，掩草蔽地"（《子虚赋》）②。总之，云梦中的动植物多得无法描绘，楚王猎捕到的野兽多如下雨一般，都把草地给覆盖了。云梦中还有许多美女。子虚曰："于是郑女曼姬，被阿緆，揄紵缟，杂纤罗，垂雾縠；襞积褰绉，纡徐委曲，郁桡溪谷；衯衯裶裶，扬袘戌削，蜚纤垂髾；扶与猗靡，噏呷萃蔡；下摩兰蕙，上拂羽盖；错翡翠之威蕤，缪绕玉绥；眇眇忽忽，若神仙之仿佛。"（《子虚赋》）③ 这些郑国的美女娇艳迷人，衣着轻盈，色彩绚丽，犹如神仙一般，飘飘忽忽。在田猎倦怠以后，楚王开始与这些美女到水中划船，并欣赏乐舞，如：

　　怠而后发，游于清池，浮文鹢，扬旌枻，张翠帷，建羽盖，网玳瑁，钓紫贝；摐金鼓，吹鸣籁，榜人歌，声流喝。水虫骇，波鸿沸，涌泉起，奔扬会，磊石相击，硠硠礚礚，若雷霆之声，闻乎数百里之外。（《子虚赋》）④

---

① 司马相如. 司马相如集校注［M］. 金国永，校注. 上海：上海古籍出版社，1993：5.
② 司马相如. 司马相如集校注［M］. 金国永，校注. 上海：上海古籍出版社，1993：5，15.
③ 司马相如. 司马相如集校注［M］. 金国永，校注. 上海：上海古籍出版社，1993：19.
④ 司马相如. 司马相如集校注［M］. 金国永，校注. 上海：上海古籍出版社，1993：22.

楚王欣赏的乐舞"若雷霆之声，闻乎数百里之外"，所以鱼儿惊骇，波浪翻滚，泉水上涌，滚石相击，阵阵轰鸣。经过这番描绘，子虚认为，齐王之乐不如楚王之乐。

乌有先生按捺不住了，开始指责子虚。他说："今足下不称楚王之德厚，而盛推云梦以为骄，奢言淫乐而显侈靡，窃为足下不取也。必若所言，固非楚国之美也。有而言之，是彰君之恶；无而言之，是害足下之信。彰君之恶而伤私义，二者无一可，而先生行之，必且轻于齐而累于楚矣。"（《子虚赋》）① 在乌有先生看来，子虚所描绘的楚王之乐其实是"淫乐""侈靡"，如果子虚所言是真的，那么这并不是楚国之"美"而是楚王之"恶"；如果是假的，就说明子虚不诚信。无论是哪种情况，"二者无一可"。从乌有先生的话中可知，虽楚王田猎之地比齐王田猎之地更宽广、更壮丽，但楚王之乐与齐王之乐本质上是一样的，都是"淫乐""侈靡"，即以物质欲望的满足为乐。在乌有先生之后，无是公也发表了自己的看法。他首先肯定了乌有先生的观点，也认为齐王和楚王之乐都不可取，如《上林赋》载："二君之论，不务明君臣之义，正诸侯之礼，徒事争游戏之乐，苑囿之大，欲以奢侈相胜，荒淫相越，此不可以扬名发誉，而适足以贬君自损也。"② 可见，楚王之乐只是在"奢侈""荒淫"方面胜过了齐王之乐，但两者都不符合礼义，不能用来宣扬自己的美名和提高自己的声誉。接着，无是公对"上林苑"进行描绘，借以说明齐王和楚王田猎之地都不值一提。无是公用多个"于是乎"细致描绘了上林苑中的山

---

① 司马相如. 司马相如集校注［M］. 金国永，校注. 上海：上海古籍出版社，1993：27.

② 司马相如. 司马相如集校注［M］. 金国永，校注. 上海：上海古籍出版社，1993：31.

水、植物、动物、宫殿以及奇珍异宝，显现出上林苑无与伦比的盛大和壮丽。无是公曰："娱游往来，宫宿馆舍；庖厨不徙，后宫不移，百官备具。"（《上林赋》）① 人们可以在其中尽情嬉戏游玩，在宫殿中住宿、休息，庖厨不用迁徙，后宫嫔妃不用移居，文武百官都齐备。其言外之意就是上林苑中物产丰富、琳琅满目、应有尽有。无是公将此总结为"巨丽"（《上林赋》）② 之美。

另外，无是公也对上林苑中的审美娱乐活动进行了描绘，如：

> 于是乎游戏懈怠，置酒乎昊天之台，张乐乎胶葛之㝢；撞千石之钟，立万石之虡；建翠华之旗，树灵鼍之鼓。奏陶唐氏之舞，听葛天氏之歌；千人唱，万人和；山陵为之震动，川谷为之荡波。《巴俞》、宋、蔡，淮南、《于遮》，文成、颠歌。族居递奏，金鼓迭起，铿枪闛鞈，洞心骇耳。荆、吴、郑、卫之声，《韶》《濩》《武》《象》之乐，阴淫案衍之音；鄢、郢缤纷，《激楚》结风。俳优侏儒，狄鞮之倡；所以娱耳目、乐心意者，丽靡烂漫于前，靡曼美色于后。（《上林赋》）③

大家游玩累了以后，就开始欣赏乐舞。"千石之钟""万石之虡""千人唱""万人和"显示出乐舞活动盛大的场面，所奏出的音乐不仅使"山陵为之震动，川谷为之荡波"，还让人"洞心骇耳"，难以忍

---

① 司马相如. 司马相如集校注 [M]. 金国永，校注. 上海：上海古籍出版社，1993：63.

② 司马相如. 司马相如集校注 [M]. 金国永，校注. 上海：上海古籍出版社，1993：32.

③ 司马相如. 司马相如集校注 [M]. 金国永，校注. 上海：上海古籍出版社，1993：76.

受。而在这场盛大的乐舞活动中，除了演奏《韶》《濩》《武》《象》的雅乐外，还演奏了"阴淫案衍之音"，即淫声，让俳优、侏儒进行舞蹈表演。在无是公看来，这场乐舞演出之所以能够"娱耳目""乐心意"，是因为"丽靡烂漫于前，靡曼美色于后"，以侈靡、淫乐为乐。不过，无是公话锋一转，天子突然沉思，感叹道：

> 嗟乎，此大奢侈！朕以览听馀闲，无事弃日，顺天道以杀伐，时休息于此；恐后世靡丽，遂往而不反，非所以为继嗣创业垂统也。于是乃解酒罢猎，而命有司曰："地可垦辟，悉为农郊，以赡氓隶；隳墙填堑，使山泽之人得至焉。实陂池而勿禁，虚宫馆而勿仞。发仓廪以救贫穷，补不足，恤鳏寡，存孤独。出德号，省刑罚，改制度，易服色，革正朔，与天下为始。"（《上林赋》）①

天子认识到"大奢侈"的危害，担心后代也会像他一样侈靡，于是"解酒罢猎"，将上林苑中可以开垦的土地改为农田，推倒围墙，填平沟壑，让百姓可以到此耕种，同时还打开粮仓"救贫穷，补不足"，等等。从此以后，天子"游乎《六艺》之囿，驰骛乎仁义之涂，览观《春秋》之林""掩群《雅》，悲《伐檀》，乐'乐胥'"（《上林赋》）②，即去奢斥淫，回归仁义之道。此时，"天下大说，向风而听，随流而化；喟然兴道而迁义，刑错而不用；德隆于三皇，而功羡于五

---

① 司马相如. 司马相如集校注［M］. 金国永，校注. 上海：上海古籍出版社，1993：82-83.

② 司马相如. 司马相如集校注［M］. 金国永，校注. 上海：上海古籍出版社，1993：85.

帝"(《上林赋》)①，实现了社会和谐、政权稳固、天下太平的政治理想。天子之德胜于三皇，功高过五帝。无是公曰："若此，故猎乃可喜也。"（《上林赋》)② 这就是无是公之"乐"。

无是公以天子之田猎为"乐"，不是因为它比齐王、楚王之田猎更加盛大与壮丽，而是因天子突然有所悔悟而决定去除奢侈淫逸，转为仁义之道，在审美享乐方面有所节制，让"天下大说"。质言之，无是公之"乐"是因为天子禁淫，回归仁义雅正之道而感到的快乐，同时也包含与民同乐的内容，如无是公说道：

> 若夫终日驰骋，劳神苦形，疲车马之用，抏士卒之精，费府库之财，而无德厚之恩；务在独乐，不顾众庶，忘国家之政，而贪雉兔之获，则仁者不由也。从此观之，齐、楚之事，岂不哀哉！地方不过千里，而囿居九百，是草木不得垦辟，而民无所食也。夫以诸侯之细，而乐万乘之所侈，仆恐百姓之被其尤也。（《上林赋》)③

如果天子不顾士兵的精力，不顾百姓的生活，浪费国家钱财，那么他所进行的审美享乐其实是"独乐"，而"独乐"不是仁者所为。更不用说在"民无所食"之时，像齐国、楚国那样国家不过千里，苑囿却占了九百里，还有一些小诸侯"乐万乘之所侈"。这些都是不仁的"独乐"，会给百姓带来巨大的灾难。

---

① 司马相如. 司马相如集校注 [M]. 金国永，校注. 上海：上海古籍出版社，1993：86.

② 司马相如. 司马相如集校注 [M]. 金国永，校注. 上海：上海古籍出版社，1993：86.

③ 司马相如. 司马相如集校注 [M]. 金国永，校注. 上海：上海古籍出版社，1993：86.

　　无是公之"乐"代表司马相如的观点，或者说，司马相如用无是公之"乐"否定齐王之乐和楚王之乐，体现出司马相如持有的反对"奢侈""荒淫""独乐"的美学观，对统治者产生了讽谏作用。所以司马迁对他的评价较为准确，即"其卒章归之于节俭，因以风谏"（《史记·司马相如传》）①。同时，我们也发现，先秦儒家美学倡导的"乐而不淫，哀而不伤"（《论语·八佾》）②、"放郑声"（《论语·卫灵公》）③、"独乐乐"不如"与民同乐""与百姓同乐"（《孟子·梁惠王下》）④ 以及"贵礼乐而贱邪音"（《荀子·乐论》）⑤，已深入司马相如的美学思想之中，并被运用于讽谏统治者的实际之中。从这个意义上讲，司马相如为巴蜀美学精神注入了儒家美学内涵。

　　除讨论三"乐"外，司马相如还论及赋的创作问题，如《西京杂记》载司马相如语曰：

　　　　赋家之心，苞括宇宙，总览人物，斯乃得之于内，不可得而传。⑥

　　钟仕伦先生说："汉大赋有一个基本的美学品格，即左思《三都赋序》文中所指出的'假称珍怪，以为润色'，用今天的话来说这可

① 司马迁. 史记：第 9 册［M］. 北京：中华书局，1959：3002.

② 何晏，注. 邢昺，疏. 论语注疏［M］//阮元，校刻. 十三经注疏：下册. 北京：中华书局，1980：2468.

③ 何晏，注. 邢昺，疏. 论语注疏［M］//阮元，校刻. 十三经注疏：下册. 北京：中华书局，1980：2517.

④ 赵岐，注. 孙奭，疏. 孟子注疏［M］//阮元，校刻. 十三经注疏：下册. 北京：中华书局，1980：2673 – 2674.

⑤ 王先谦. 荀子集解：下册［M］. 北京：中华书局，1988：381.

⑥ 葛洪. 西京杂记［M］. 北京：中华书局，1985：12.

称为艺术的虚构性。"① 司马相如的赋作中处处透露出这种"艺术的虚构性"，但虚构不等于虚假。如在《上林赋》中，司马相如对上林苑中的山水、草木、鸟兽的描绘，虽铺陈、夸张，但细细读之，其中的事物多为现实中客观存在之物，只不过被他重新组合，排列在虚幻的时空之中，从而形成一个奇幻、瑰丽的审美境界。由此而言，"赋家之心"是一种创作之心，赋家首先应该览尽宇宙中的万事万物，体验社会中的冷暖人生，在心中积累艺术创作的丰富素材。而赋家又要运用想象、联想、夸张等方法，对心中积累的丰富素材进行加工与重组，从而营造出基于现实世界又富有想象性、虚幻性的审美境界，故曰"得之于内"。赋家在内心对素材进行加工与重组的过程难以言表，所以"不可得而传"。简言之，"赋家之心"揭示出赋的创作应该首先以现实为基础，览尽宇宙中的万事万物，体验社会中的冷暖人生，在心中积累丰富的素材，同时又要善于运用想象、联想、夸张等方法，对心中积累的丰富素材进行加工与重组，从而营造出一个基于现实世界的虚幻、夸张、壮丽的审美境界。

第二节　严遵的美学思想

"文翁化蜀"是汉代巴蜀文化中的重要事件。文翁一方面选派优秀的小吏前往京师长安，学习儒家经学与法律；另一方面又让这些学成归来的小吏在蜀中担任职务或教师。这不仅使巴蜀的蛮夷之风得以改变，一时间，"蜀地学于京师者比齐鲁焉"（《汉书·循吏传》）②、

---

① 钟仕伦. 南北文化与美学思潮 [M]. 成都：四川大学出版社，1995：226.
② 班固. 汉书：第 11 册 [M]. 北京：中华书局，1962：3626.

"蜀学比于齐鲁"（《华阳国志·蜀志》）①，还促进了儒学在巴蜀之地的传播。另外，汉武帝采纳董仲舒的建议，施行"罢黜百家，表章《六经》"（《汉书·武帝纪》）② 的政策，使儒学成为汉代的官方意识形态。这进一步使儒家思想在巴蜀地区占据统治地位。③ 但值得注意的是，从先秦开始，巴蜀就受到道家思想的浸染。扬雄《蜀王本纪》载："老子为关令尹喜著《道德经》，临别曰：'子行道千日后，于成都青羊肆寻吾。'今为青牛观是也。"④ "青羊肆""青牛观"即今成都的青羊宫。⑤ 虽然这段材料的真实性还有继续讨论的空间，但它至少呈现出道家思想曾在先秦进入巴蜀的痕迹。《汉书·艺文志》中录有"《臣君子》二篇"，属于"道家者流"，班固自注曰"蜀人"。⑥ 近人姚振宗曰："著书者臣姓而称为君子，犹郑人而号为长者。其列于郑长者之前，则大抵六国时人。"⑦ 这说明道家思想在先秦就传入巴蜀是可能的。西汉晚期的严遵（前86—10年，蜀郡成都人）承续巴蜀道家文化传统，著成《老子指归》十万余言，发展了老庄哲学，促进了道家思想在蜀地的传播。严遵在汉代巴蜀哲学中占据着重要地位，他的哲学思想中蕴含着对"美"的反思的内容，涉及美本体、人生境界和善治美政。所以，严遵又是汉代巴蜀美学不能回避的重要人物。

---

① 常璩. 华阳国志校注 [M]. 刘琳，校注. 成都：巴蜀书社，1984：214.

② 班固. 汉书：第1册 [M]. 北京：中华书局，1962：212.

③ 段渝. 巴蜀文化史 [M]. 成都：四川人民出版社，2012：91.

④ 严可均，校辑. 全上古三代秦汉三国六朝文：第1册 [M]. 北京：中华书局，1958：415.

⑤ 段渝. 四川通史：卷1·先秦 [M]. 成都：四川人民出版社，2010：309.

⑥ 班固. 汉书：第6册 [M]. 北京：中华书局，1962：1731.

⑦ 姚振宗. 汉书艺文志条理 [M] // 王承略，刘心明. 二十五史艺文经籍志考补萃编：第3卷. 北京：清华大学出版社，2011：232.

一、"世人所谓美善者，非至美至善也"

中国哲学本体论是对宇宙万物之存在根源的追问，而宇宙论则是对宇宙万物如何在存在根源基础上生成演化的探讨。在先秦哲学中，除"道生一，一生二，二生三，三生万物"（《老子》第四十二章）①、"易有太极，是生两仪，两仪生四象，四象生八卦"（《周易·系辞上》）②、"太一出两仪，两仪出阴阳"（《吕氏春秋·仲夏纪·大乐》）③ 等论述外，先秦诸子多侧重于本体论的追问而缺少较为系统的宇宙论。到汉代，《淮南子》《春秋繁露》《太玄》《潜夫论》《论衡》等著作中均涉及宇宙生成演化的问题，这成为汉代哲学界的"时髦"，也是汉代思想的一大特点④。作为西汉哲学家的严遵也同样关注宇宙论，他在本体论基础上探讨了宇宙生成的问题。而他关于"美"之本体、本源的看法正寓于其中。

严遵曰："是故，中士所闻非至美也，下士所见非至善也。中士所眩，下士所笑，乃美善之美善者也。"（《老子指归·上士闻道篇》）⑤ 在严遵看来，中下等人所闻见的不是至美、至善，而真正的美、善却是他们所迷惑和耻笑的对象。严遵又曰：

> 饰人之容，伤人之性；养人之欲，损人之命。世人所谓美善者，非至美至善也。夫至美，非世所能见；至善，非世

---

① 朱谦之. 老子校释 [M]. 北京：中华书局，1984：174.
② 王弼，韩康伯，注. 孔颖达，疏. 周易正义 [M] //阮元，校刻. 十三经注疏：上册. 北京：中华书局，1980：82.
③ 许维遹. 吕氏春秋集释：上册 [M]. 北京：中华书局，2009：108.
④ 周桂钿. 秦汉思想史：上册 [M]. 福州：福建教育出版社，2015：5.
⑤ 严遵. 老子指归 [M]. 王德有，点校. 北京：中华书局，1994：14.

所能知也。(《老子指归·天下皆知篇》)①

　　"世人"就是世俗之人，中士和下士都属于世俗之人。世俗之人所能闻见的美、善是"饰人之容""养人之欲"，即美丽的外表和欲望的满足，而对至美、至善却无法获知。其言外之意为，上士所闻见的就是至美、至善。"至美"就是真实、永恒之美，即美本体。严遵曰："是以捐聪明，弃智虑，反归真朴。游于太素，清物傲世，卓尔不污。喜怒不婴于心，利害不接于意，贵贱同域，存亡一度。动于不为，览于玄妙，精神平静，无所章载，抱德含和，帅然反化：大圣之所尚，而上士之所务，中士之所眩燿，而下士之所大笑也。"(《老子指归·上士闻道篇》)② 从道家哲学来看，本体之"道"无形无象、无声无色，所以它不为感官和知识所把握。而上士追求的"捐聪明，弃智虑，反归真朴，游于太素"就是超越感官、知识的纯真质朴、混沌未开的境界，即"道"境。这就使严遵的"美"本体与宇宙本体相联系，上士所追求的才是"至美""美善之美善者"。

　　在严遵哲学中，宇宙万物的本体和生命本源是"道"，如"大道甚夷，其化无形，若远而近，若晦而明。平夷而无秽，要约而易行。无为而功成，无事而福盈。天地由之，万物以生"(《老子指归·行于大道篇》)③。这种"道"本论是从老庄哲学那里继承而来的，但严遵对"道"本论又进行了丰富与扩展。他说：

　　　　天地所由，物类所以，道为之元，德为之始，神明为宗，

① 严遵. 老子指归 [M]. 王德有，点校. 北京：中华书局，1994：124.
② 严遵. 老子指归 [M]. 王德有，点校. 北京：中华书局，1994：13 – 14.
③ 严遵. 老子指归 [M]. 王德有，点校. 北京：中华书局，1994：51.

太和为祖。(《老子指归·上德不德篇》)①

可见，宇宙万物的生成仅靠"道"是不行的，宇宙万物的生成需要"道""德""神明""太和"的共同运作。相对后三者而言，"道"更为根本，因为有生于无、实生于虚，而"虚之虚者生虚者，无之无者生无者"(《老子指归·道生一篇》)②。"道"正是这生"虚"之虚、生"无"之无，故严遵曰："是故，无无无始，不可存在，无形无声，不可视听，禀无授有，不可言道，无无无之无，始末始之始，万物所由，性命所以，无有所名者谓之道。"(《老子指归·道生一篇》)③ "道"就是"无无之无"，这体现出它超越形象、声色的特性。同时，"道"又是"末始之始"，即先于宇宙万物而存在，这体现出它超越时间的特性。质言之，"道"就是超越时空、无形无象、无声无色的永恒存在。严遵借助"道生一"说明"德"就是"一"，即"一，其名也；德，其号也"(《老子指归·得一篇》)④，它由"道"所生，是"无无"之道化生的"无"，它介于"道"与"神明""太和"之间，所以"德"相对"道"为"有"，相对"神明""太和"为"无"。严遵曰："万物以然，无有形兆。……天地之外，毫厘之内，禀气不同，殊形异类，皆得一之一以生，尽得一之化以成。"(《老子指归·得一篇》)⑤ "皆得一之一以生，尽得一之化以成"指的是"道"("一之一")给予宇宙万物以生命，"德"("一")使宇宙万物得以生长成形，所以宇宙万物因"德"而具有具体的形貌。这就

---

① 严遵. 老子指归 [M]. 王德有，点校. 北京：中华书局，1994：3.
② 严遵. 老子指归 [M]. 王德有，点校. 北京：中华书局，1994：17.
③ 严遵. 老子指归 [M]. 王德有，点校. 北京：中华书局，1994：17 – 18.
④ 严遵. 老子指归 [M]. 王德有，点校. 北京：中华书局，1994：10.
⑤ 严遵. 老子指归 [M]. 王德有，点校. 北京：中华书局，1994：9 – 10.

是《老子》所说的"道生之，德畜之"①。有学者认为，道家哲学之"母"除万物之始的来源含义外，兼具化育完成之功的含义。② 从这个意义上讲，"道"是宇宙万物之"母"，"德"同样也是宇宙万物之"母"，因为"德"在"道"基础上长养万物，使万物得以最终生成，故严遵曰："德如溪谷，不施不与，不爱不利，不处不去。无为而恩流，不仁而泽厚，长育群生，为天下母。"（《老子指归·上士闻道篇》）③ 也正由于此，严遵时常将"道""德"并举，如"道德变化，无所不生"（《老子指归·以正治国篇》）④。关于"神明"，严遵曰："有物俱生，无有形声，既无色味，又不臭香。出入无户，往来无门，上无所蒂，下无所根。清静不改，以存其常，和淖纤微，变化无方。与物糅和，而生乎三，为天地始，阴阳祖宗。在物物存，去物物亡，无以名之，号曰神明。"（《老子指归·生也柔弱篇》）⑤ "神明"就是"一生二"的"二"。严遵曰："神有清浊。"（《老子指归·上德不德篇》）⑥ "神明"兼含清浊二气。易言之，"神明"即清浊未分之元气。"太和"是"二生三"之"三"。严遵曰："三物俱生，浑浑茫茫，视之不见其形，听之不闻其声，搏之不得其绪，望之不睹其门。不可揆度，不可测量，冥冥窅窅，潢洋堂堂。一清一浊，与和俱行，天人所始，未有形朕圻堮，根系于一，受命于神者，谓之三。"（《老子指归·道生一篇》）⑦ "神明"是清浊未分之元气，"太和"是清浊已分，但清浊二气仍处于"和"的状态，即"一清一浊，与和俱行"。"太

---

① 朱谦之. 老子校释［M］. 北京：中华书局，1984：203.
② 曾春海. 中国哲学概论［M］. 台北：五南图书出版公司，2005：27.
③ 严遵. 老子指归［M］. 王德有，点校. 北京：中华书局，1994：14.
④ 严遵. 老子指归［M］. 王德有，点校. 北京：中华书局，1994：62
⑤ 严遵. 老子指归［M］. 王德有，点校. 北京：中华书局，1994：110.
⑥ 严遵. 老子指归［M］. 王德有，点校. 北京：中华书局，1994：3.
⑦ 严遵. 老子指归［M］. 王德有，点校. 北京：中华书局，1994：18.

和"是化生宇宙万物（含人）的最后一个环节。这就是严遵提出的宇宙生成论——"道→德→神明→太和→万物"。

严遵沿循老子哲学的"天下万物生于有，有生于无"（《老子》第四十章）① 的理路，认为"万物之生也，皆元于虚，始于无"（《老子指归·道生一篇》）②。那么总体而言，"道""德""神明""太和"应该属于无、虚，而万物、人属于有、实。美呈现于有形有象、有声有色的万物身上，所以美的本体应该是"道"，美的生成依然要遵循"道→德→神明→太和→万物"的原则。世俗之人不明白宇宙万物生成的道理，不知晓何为真实的存在，自然不知何为"美善之美善者"。在严遵看来，世俗之人所不知的真实存在——"道"，正是"美"的本体，是宇宙中的至美、至善。

二、"不为石，不为玉，常在玉石之间"

在严遵哲学思想中，"道"是宇宙万物的本体和生命本源，也是美本体，是天地间的至美、至善，故他倡导人们应以"道"为最高人生追求。而"道在于身，不在于野，化自于我，不由于彼"（《老子指归·大成若缺篇》）③，这就使"道"由本体论指向了人生境界论。严遵曰："人能入道，道亦入人，我道相入，沦而为一。"（《老子指归·天下有始篇》）④ 由此可见，严遵倡导的以"道"为最高人生追求其实是实现"我道相入，沦而为一"的境界。

皮朝纲先生曾说："中国古典美学审美观念的确立，是以'人'

---

① 朱谦之. 老子校释 [M]. 北京：中华书局，1984：165.
② 严遵. 老子指归 [M]. 王德有，点校. 北京：中华书局，1994：18.
③ 严遵. 老子指归 [M]. 王德有，点校. 北京：中华书局，1994：26.
④ 严遵. 老子指归 [M]. 王德有，点校. 北京：中华书局，1994：49.

为中心，基于对人的生存意义、人格价值和人生境界的探寻和追求的，旨在说明人应当怎样生活，怎样才能生活得幸福、愉快。"① "道"是美本体，是宇宙中的至美、至善。严遵以"道"为最高人生追求说明，严遵的美学思想就是一种人生美学，实现我与"道"的为一就是实现一种至美、至善的人生境界。前文所论的"上士之所务"的"道"境正是这种至美、至善之境。而"中士""下士"所追求的则是世俗之美、善，本质上是欲望的满足和功利的实现。为什么会出现这种差异呢？严遵曰：

> 天地所由，物类所以；道为之元，德为之始，神明为宗，太和为祖。道有深微，德有厚薄，神有清浊，和有高下。清者为天，浊著为地，阳者为男，阴者为女。人物禀假，受有多少，性有精粗，命有长短，情有美恶，意有大小。或为小人，或为君子，变化分离，剖判为数等。故有道人，有德人，有仁人，有义人，有礼人。（《老子指归·上德不德篇》）②

"道"是包含人在内的宇宙万物的本体，它经过"德""神明""太和"而化生万物。但由于不同的人禀受"道"有多少之别，所以人的性情就出现精粗、美恶等差别。于是人就分为两大类：君子和小人。严遵曰："夫小人则不然，博学多识，以钓智名；异行显功，以疑仁贤；诈世治俗，饰辞盛容；卑体阿顺，以揄爱恩；先指承意，以获众心；明党相结，多挟贼人；劳鲜而禄重，功寡而爵尊；国贫而家

---

① 皮朝纲. 中国美学沉思录 [M]. 成都：四川民族出版社，1997：59.
② 严遵. 老子指归 [M]. 王德有，点校. 北京：中华书局，1994：3.

富，主微而身贵。"（《老子指归·天下谓我篇》）① 小人因道微、德薄、神浊，所以性粗、情恶，故钟情于功名利禄、饰辞盛容，即"世人所谓美善者"（《老子指归·天下皆知篇》）②。而君子又可分为五种人：道人、德人、仁人、义人、礼人。严遵曰："虚无无为，开导万物，谓之道人。清静因应，为所不为，谓之德人。兼爱万物，博施无穷，谓之仁人。理名正实，处事之义，谓之义人。谦退辞让，敬以守和，谓之礼人。凡此五人，皆乐长生，尊厚德，贵高名。"（《老子指归·上德不德篇》）③ 这五种人虽都属于"君子"，但也显现出层次的高低之别，道人就是得道之人，而德人、仁人、义人、礼人则与"道"渐远。不过，他们有一个共同的追求——"乐长生"。如何实现长生呢？严遵认为，应该首先明确："我性之所禀而为我者，道德也；其所假而生者，神明也；其所因而成者，太和也；其所托而形者，天地也。"（《老子指归·名身孰亲篇》）④ 我的生命、形体不是我自己赋予自己的，而是"道德""神明""太和"赋予我的，它们是我的本体，是我的生命本源。由此而言，道德、神明、太和是宇宙间最真实的永恒存在，故曰："道德神明，长生不死。"（《老子指归·名身孰亲篇》）⑤ 严遵又曰：

> 崇高显荣，吉祥盛德，深闳浩大，尊宠穷极，莫大乎生。万物陈列，奇怪珍宝，金玉珠璧，利深得巨，莫大乎身。祸世之匠，乱国之工，绝逆天地，伤害我身，莫大乎名。生骄

① 严遵. 老子指归 [M]. 王德有，点校. 北京：中华书局，1994：88.
② 严遵. 老子指归 [M]. 王德有，点校. 北京：中华书局，1994：124.
③ 严遵. 老子指归 [M]. 王德有，点校. 北京：中华书局，1994：3－4.
④ 严遵. 老子指归 [M]. 王德有，点校. 北京：中华书局，1994：23.
⑤ 严遵. 老子指归 [M]. 王德有，点校. 北京：中华书局，1994：23.

长溢，困民贫国，扰浊精神，使心多欲，叛天违道，争为盗贼，天下不亲，世多兵革，一人为之，伤败万国，主死民亡，物蒙其毒，莫大乎货。(《老子指归·名身孰亲篇》)①

显赫的地位、珍贵的珠宝都比不上自己的生命和身体宝贵，而没有什么东西比追逐"名"和"货"更能够伤害我的生命和身体，故严遵曰："得名得货，道德不居，神明不留，大命以绝，天不能救。"(《老子指归·名身孰亲篇》)② 如果想要长生，就必须消除对"名"和"货"的追求，要消除对"名"和"货"的追求就需要"知足""知止"，如：

知足之人，体道同德，绝名除利，立我于无身。养物而不自生，与物而不自存。信顺之间，足以存神，室家之业，足以终年。常自然，故不可杀；处虚无，故不可中；细名轻物，故不可污；欲不欲，故能长荣。知止之人，贵为天子，不以枉志；贫处岩穴，不以幽神；进而不以为显，退而不以为穷。无祸无福，无得无丧，不为有罪，不为有功。不求不辞，若海若江，游扬玄域，神名是通。动顺天地，故不可危；殊利异害，故能常然。是以，精深而不拔，神固而不脱，魁如天地，照如日月。既精且神，以保其身。知足而止，故能长存。(《老子指归·名身孰亲篇》)③

---

① 严遵. 老子指归 [M]. 王德有，点校. 北京：中华书局，1994：24.
② 严遵. 老子指归 [M]. 王德有，点校. 北京：中华书局，1994：24.
③ 严遵. 老子指归 [M]. 王德有，点校. 北京：中华书局，1994：25.

　　"知足之人"长养万物而不占有万物,"知止之人"不以生活的贫富、地位的升降而喜怒。"知足""知止"如同庄子美学所倡导的"外天下""外物""外生"(《庄子·大宗师》)①,是蔑视功名利禄,荡去欲望追求的功夫,从而实现与"道德"同体、与"神明"互通,所以"知足而止,故能长存"。同时,"知足而止"之人还显现出"魁如天地,照如日月"的形象,他如天地一样崇高、如日月一样光耀。要言之,"知足而止"就可得"道",得"道"就可长生不死,从而彰显出光耀、崇高之美。

　　"君子"虽分为五种人,但总体上讲,这五种人都以"长生"为乐、以"道"为追求,所以严遵以"君子"为理想的人生境界。但由"圣人之下,朝多君子"(《老子指归·万物之奥篇》)② 可知,在"君子"境界之上还存在更高的"圣人"境界。严遵曰:"是以圣人,虚心以原道德,静气以存神明,损聪以听无音,弃明以视无形。"(《老子指归·至柔篇》)③ "圣人"就是得道之人。所以,圣人也实现了"寿与山川为常"(《老子指归·天长地久篇》)④。这就使人由"君子"通向"圣人"成为可能。严遵曰:

　　　道德变化,陶冶元首,禀授性命乎太虚之域、玄冥之中,而万物混沌始焉。神明交,清浊分,太和行乎荡荡之野、纤妙之中,而万物生焉。天圆地方,人纵兽横,草木种根,鱼沉鸟翔,物以族别,类以群分,尊卑定矣,而吉凶生焉。由此观之,天地人物,皆同元始,共一宗祖。六合之内,宇宙

---

① 郭庆藩. 庄子集释: 上册 [M]. 北京: 中华书局, 2004: 252.
② 严遵. 老子指归 [M]. 王德有, 点校. 北京: 中华书局, 1994: 76.
③ 严遵. 老子指归 [M]. 王德有, 点校. 北京: 中华书局, 1994: 22.
④ 严遵. 老子指归 [M]. 王德有, 点校. 北京: 中华书局, 1994: 129.

之表，连属一体。气化分离，纵横上下，剖而为二，判而为
五。或为白黑，或为水火，或为酸咸，或为徵羽，人物同类，
或为牝牡。（《老子指归·不出户篇》）①

　　万物之生起于道德，万物之形成于神明。宇宙万物虽有族类之别、
尊卑之分，但它们有共同的"元始"和"宗祖"——"道德""神
明"，所以从本质上讲，宇宙万物都是"连属一体""人物同类"的。
"圣人"就是得道之人，他对待宇宙万物的态度就是"道"的态度，
即庄子美学推崇的"以道观之"（《庄子·秋水》）② 的态度。圣人以
"道"观万物，万物本无差别，万物与我本为一体，他不会因为得到
某些东西而喜，失去而忧，他对待宇宙万物"无所爱恶，与物通同"
（《老子指归·名身孰亲篇》）③、"与天下为友"（《老子指归·上士闻
道篇》）④。严遵曰："失之而忧，得之而喜。一喜一忧，魂魄浮游；一
忧一喜，神明去矣。身死名灭，祸及子孙。"（《老子指归·名身孰亲
篇》）⑤ 所以，圣人正是在万物齐同、不喜不忧中，稳固道德，保存神
明，从而实现长生久寿。

　　在中国传统文化中，玉是美好、德行的象征，如许慎《说文解
字》曰："玉，石之美，有五德者。润泽以温，仁之方也；䚡理自外，
可以知中，义之方也；其声舒扬，专以远闻，智之方也；不挠而折，
勇之方也；锐廉而不忮，洁之方也。"⑥ 所以在古代，"君无故，玉不

---

① 严遵. 老子指归 [M]. 王德有，点校. 北京：中华书局，1994：32.
② 郭庆藩. 庄子集释：中册 [M]. 北京：中华书局，2004：577.
③ 严遵. 老子指归 [M]. 王德有，点校. 北京：中华书局，1994：24.
④ 严遵. 老子指归 [M]. 王德有，点校. 北京：中华书局，1994：14.
⑤ 严遵. 老子指归 [M]. 王德有，点校. 北京：中华书局，1994：24.
⑥ 许慎. 说文解字注 [M]. 段玉裁，注. 上海：上海古籍出版社，1981：10.

去身"（《礼记·曲礼下》）①。对于玉之美，严遵是认可的，如"夫德之在人犹父母之于身也；其于万物，犹珠玉之与瓦铅也"（《老子指归·含德之厚篇》）②。但珠玉之美始终属于现象界，是世俗之人所闻见和追求的美，所以严遵曰：

> 夫玉之为物也，微以寡；而石之为物也，巨以众。众故贱，寡故贵。玉之与石，俱生一类，寡之与众，或求或弃，故贵贱在于多少，成败在于为否。是以圣人，为之以反，守之以和，与时俯仰，因物变化。不为石，不为玉，常在玉石之间。不多不少，不贵不贱，一为纲纪，道为桢干。（《老子指归·得一篇》）③

较之石头，玉十分稀少，而物以稀为贵，所以人们以玉为贵，以石为贱，对玉充满着欲望，穷追不舍。但对圣人而言，"玉之与石，俱生一类"，即玉与石并无分别，它们呈现出的贵贱美丑都起于世俗之人的世俗之见，未认识到宇宙万物都是由"道"所化生，在"道"面前都是齐同为一、了无分别的。因此，圣人以"道"为心，不追求玉，也不追求石，他"常在玉石之间"，即对玉与石持无美无丑、不贵不贱的态度。这种态度就是圣人"以道观之"的态度。在这种态度中，圣人超越了现象界中的美丑，从而进入无美无丑、不贵不贱的至美、至善之"道"境。

---

① 郑玄，注. 孔颖达，疏. 礼记正义 ［M］//阮元，校刻. 十三经注疏：上册. 北京：中华书局，1980：1259.
② 严遵. 老子指归 ［M］. 王德有，点校. 北京：中华书局，1994：55.
③ 严遵. 老子指归 ［M］. 王德有，点校. 北京：中华书局，1994：11-12.

三、"无味为甘""无文为好"

在先秦、秦汉时期，无论儒家、道家或是法家，他们对美和艺术进行反思和追问往往与政治相联，他们对美和艺术的评判几乎都以是否有利于政治统治、社会安定为标准。所以对中国古代美学而言，"政治美学"最先出现，直到魏晋时期，艺术美学才从中独立出来。①严遵在对"美"本体（"道"）进行追问的基础上，将"道"转化为最高的人生追求，实现了"道"由本体论向人生境界论的转化，体现出严遵美学思想的人生美学特色。但严遵并未就此止步，而是继续往政治领域伸展，"道"不仅是宇宙万物的本体和生命本源，是人的最高精神境界，它还是君王为政态度、政治实践以及为政效果所要遵循的规则和达到的理想目标。所以，严遵美学思想又是一种政治美学。他在《老子指归·上德不德篇》中，就将统治者划分为五个等级，即"上德之君""下德之君""上仁之君""上义之君""上礼之君"②，并对他们进行逐个分析与说明，其中体现出严遵政治美学对君主为政态度、政治实践和为政效果的要求与追求。

在严遵看来，君王是天下的主导和关键，即"主者，天下之心也，气感而体应，心动而身随，声响相应，形影相随，不足以为喻"（《老子指归·以正治国篇》）③，所以君王的为政态度会对天下产生巨大的影响。严遵认为："帝王根本，道为元始。"（《老子指归·上德不德篇》）④ 而他所推崇的"上德之君"和"下德之君"正是"体道而

---

① 张法. 政治美学：历史源流与当代理路 [J]. 文艺争鸣，2017 (4)：114 - 120.
② 严遵. 老子指归 [M]. 王德有，点校. 北京：中华书局，1994：4 - 6.
③ 严遵. 老子指归 [M]. 王德有，点校. 北京：中华书局，1994：63.
④ 严遵. 老子指归 [M]. 王德有，点校. 北京：中华书局，1994：6.

存"和"体道而行"(《老子指归·上德不德篇》)① 的君王。可见，"道"同样是统治者应当追求的最高人生境界，遵循"道"是君王最根本的为政态度。严遵曰：

> 夫道之为物，无形无状，无心无意，不忘不念，无知无识，无首无向，无为无事，虚无澹泊，恍惚清静。其为化也，变于不变，动于不动，反以生复，复以生反，有以生无，无以生有，反覆相因，自然是守。无为为之，万物兴矣；无事事之，万物遂矣。是故，无为者，道之身体而天地之始也。(《老子指归·天下有始篇》)②

"道"是超越时空的无形无象、无声无色的永恒存在，它本身是虚静淡泊、无所作为的。宇宙万物正是在它"无为为之""无事事之"中生成。所以，"无为"就是"道"的身体和天地的起始。所谓"天地自作，群美相随，万物自象，百蛮自和"(《老子指归·为学日益篇》)③ 并不是说天地万物可以不需要"道"而自己生成，而是说天地万物在"道"的无为而生、无为而成中"自作""自象"，并且"群美"也随之产生，"道"之"无为"致使"群美相随"。质言之，君王以"道"为元始就是要以"无为"的态度进行统治。此外，严遵还借用"赤子"来进一步说明君王的为政态度，如：

> 夫赤子之为物也，知而未发，通而未达，能而未动，巧

---

① 严遵. 老子指归 [M]. 王德有，点校. 北京：中华书局，1994：4.
② 严遵. 老子指归 [M]. 王德有，点校. 北京：中华书局，1994：48.
③ 严遵. 老子指归 [M]. 王德有，点校. 北京：中华书局，1994：37.

而居拙。生而若死，新而若弊，为于不为，与道周密。生不生之生，身无身之身，用无用之用，闻无闻之闻。无为无事，无意无心，不求道德，不积精神。既不思虑，又无障截，神气不作，聪明无识。柔弱虚静，魂魄无事。乐无乐之乐，安无欲之欲。生不枉神，死不幽志。故能被道含德与天地同则，蜂虿虫蛇无心施其毒螫，攫鸟猛兽无意加其攫搏。骨弱筋柔，握持坚固。不睹牝牡，阴阳以化。精神充实，人物并归。啼号不嗄，可谓志和。（《老子指归·含德之厚篇》）①

在道家哲学中，"赤子"就是刚出生的婴儿，象征着"道"。从严遵对"赤子"的描述来看，也是如此。"赤子"看似笨拙、无知觉、不够通达，但这正是他"无为无事""无意无心"的表现。而"无为""无意"就决定了他蔑视一切欲望，即"乐无乐之乐，安无欲之欲"。所以"赤子"不仅无为，他还无欲，在无为、无欲之中实现了"与道周密"。那么，君道应像"赤子"就说明，君王的为政态度不仅应无为，还应无欲。做到如"赤子"般的无为、无欲，君王就"自然通达，众美萌生，天地爱佑，祸乱素亡"（《老子指归·含德之厚篇》）②，为实现善治美政奠定坚实的基础。

严遵要求君王具有无为、无欲的为政态度，这就决定了君王在具体的政治实践中去除礼乐。在对"上礼之君"的解析中，严遵就提到这种君王采用的为政方法是"正上下，明差等，序长幼，别夫妇，合人伦，循交友。归奉条贯，事有差品，拘制者褒录，不羁者削贬"

---

① 严遵. 老子指归 ［M］. 王德有，点校. 北京：中华书局，1994：56.
② 严遵. 老子指归 ［M］. 王德有，点校. 北京：中华书局，1994：57.

（《老子指归·上德不德篇》）①，但"钟磬喤喤，而俗不为之变；沉吟雅韵，而风不为之移。谦退辞让，天下不信"（《老子指归·上德不德篇》）②。可见，礼乐教化并不能产生理想的政治效果，因为"辞丰貌美而诚心不施故也"（《老子指归·上德不德篇》）③，即礼乐仅有美丽的形式而缺少真实的内涵，所以严遵将"上礼之君"排在五种君王的末位。另外，严遵还补充道：

> 夫礼之为事也，中外相违，华盛而实毁，末隆而本衰。礼薄于忠，权轻于威，信不及义，德不逮仁。为治之末，为乱之元，诈伪所起，忿争所因。故制礼作乐，改正易服，进退威仪，动有常节，先识来事，以明得失，此道之华而德之末，一时之法，一隅之术也。非所以当无穷之世，通异方之俗者也。是故，祸乱之所由生，愚惑之所由作也。（《老子指归·上德不德篇》）④

人们在制礼作乐时，通常行动违背良心，外表美丽而内心丑恶，所以礼乐是"道之华而德之末"，天下祸乱正是由这种表里不一的礼乐所引起的。所以，君王在政治实践中首先应该去礼乐。荀子认为："人生而有欲，欲而不得，则不能无求；求而无度量分界，则不能不争；争则乱，乱则穷。"（《荀子·礼论》）⑤"欲"引起天下纷争和混乱。严遵对此表示赞同，但他更进一步提出引起"欲"的是

---

① 严遵. 老子指归 [M]. 王德有，点校. 北京：中华书局，1994：6.
② 严遵. 老子指归 [M]. 王德有，点校. 北京：中华书局，1994：6.
③ 严遵. 老子指归 [M]. 王德有，点校. 北京：中华书局，1994：6.
④ 严遵. 老子指归 [M]. 王德有，点校. 北京：中华书局，1994：6—7.
⑤ 王先谦. 荀子集解：下册 [M]. 北京：中华书局，1988：346.

"知"，如：

> 是故，安者，民之所利也；生者，民之所归也。民之所
> 以离安去生而难治者，以其知也。民知则欲生，欲生则事始，
> 事始则功名作，功名作则忿争起，忿争起则大奸生，大奸生
> 则难治矣。故以知为国，则天下智巧，诈伪滋生，奇物并起，
> 嗜欲无穷。奢淫不止，邪枉纤纤，豪特争起，溪谷异名，大
> 祸兴矣。（《老子指归·善为道者篇》）①

　　"知"就是知识，知识是对物的区分。人们因知识而区分万物，
万物就呈现出高低贵贱、善恶美丑的种种样态，求贵去贱、好美恶丑
等欲望也随之产生。但天下贵少贱多，人们就因此而起纷争，产生奸
邪之念，天下从此就难以治理。可见，"知"是众祸之门，"绝知为
福，好知为贼"（《老子指归·知不知篇》）②。当然，严遵去"知"的
目的是为了去除人们所持有的分别见，所谓"废弃智巧，玄德淳朴，
独知独虑，不见所欲"（《老子指归·善为道者篇》）③ 就说明，去除
分别的见解，就能进入"道"一样的无欲无求的质朴境界。在去
"知"以后，百姓就不会被耳目之欲所拘，被声色犬马所缚，他们会
以"无味为甘""无文为好"（《老子指归·小国寡民篇》）④，即百姓
也以"道"为追求。

　　骆冬青说："如何从中获得自由与和谐，这既是政治美学的出发

---

① 严遵. 老子指归 [M]. 王德有, 点校. 北京：中华书局, 1994：83.
② 严遵. 老子指归 [M]. 王德有, 点校. 北京：中华书局, 1994：98.
③ 严遵. 老子指归 [M]. 王德有, 点校. 北京：中华书局, 1994：83.
④ 严遵. 老子指归 [M]. 王德有, 点校. 北京：中华书局, 1994：118.

点，又是政治美学的归结点。"① 在严遵看来，君王应具有无为、无欲的为政态度，在政治实践中去礼乐、去"知"，就可消除百姓的欲望和纷争，实现人民的自由与社会的和谐。严遵将此描绘为："祸乱既夷，万物丰宁，天心大得，宇内欣欣"（《老子指归·以正治国篇》）②；"主安民乐，天下太平"（《老子指归·为无为篇》）③；"反真复素，归于元始，世主无为，天人交市，翱翔自然，物物而治也"（《老子指归·不尚贤篇》）④。祸乱消除，天下太平，万物丰宁，衣食无忧，君王与百姓同欢乐，宇宙万物共和谐。这就是严遵所向往的理想的政治效果，真正实现了自由与和谐。而这种自由与和谐"反真复素，归于元始"，即"道"的显现，"道"又是宇宙中的至美、至善，所以这种自由与和谐的政治就是"善治美政"的实现。

四、结语

严遵不仅以"道"为宇宙万物的本体和生命本源，他还以"道"为美本体和最高人生境界。而"道"是宇宙间的至美、至善，所以得道之人（"君子""圣人"）就进入了至美、至善的境界。严遵哲学、美学中的"道"是宇宙本体论和人生境界论相统一的范畴。此外，"道"也是统治者应当追求的最高人生境界，遵循"道"是统治者最根本的为政态度，所以统治者本人应该持无为、无欲的为政态度，在具体的政治实践中应去礼乐、去"知"，这样才能消除百姓的欲望和纷争，保证社会和谐、国家安定，最终实现善治美政。可以看出，实

① 骆冬青. 论政治美学 [J]. 南京师大学报（社会科学版），2003（3）：107 – 114.
② 严遵. 老子指归 [M]. 王德有，点校. 北京：中华书局，1994：62.
③ 严遵. 老子指归 [M]. 王德有，点校. 北京：中华书局，1994：77.
④ 严遵. 老子指归 [M]. 王德有，点校. 北京：中华书局，1994：126.

现善治美政是严遵哲学、美学的最终归宿点，严遵美学根本上应该是一种政治美学。钟肇鹏先生曾指出："黄老之学起于晚周而盛行于汉初，其说以道法为宗，贵清净而民自定。……这就是道家南面术的效验。严遵的《老子指归》承其统绪，所以《指归》十万余言，其主旨在阐明君人南面之术，乃经济政治之道，用之治理邦国。"① 这一论断不无道理。从《黄帝四经》《恒先》《凡物流形》等近年出土的黄老道家文献可知，"从天道到人道是黄老道家思想展开的必由之路"②。严遵哲学虽与老庄哲学一样，对本体之道进行了多方面的深入论述，但他却在其基础上继续论及人生、社会和政治，社会治理、政治统治成为其哲学的最终落脚点。严遵沿循的正是由天道到人道的学理路径，显现出黄老道家思想特色。所以严格地讲，严遵哲学是黄老之学，严遵的美学思想属于黄老道家美学。

第三节 "西道孔子"扬雄的美学思想

除严遵外，汉代后期的巴蜀还出现了另一位重要的学者——扬雄。扬雄（前53—18），字子云，《汉书·扬雄传》记载他是"蜀郡成都人"③，但据有关学者考证，他应该是蜀郡郫县人（今成都市郫都区）④。扬雄在蜀中生活了四十多年，"雄年四十余，自蜀来至游京师"（《汉书·扬雄传》）⑤，他在蜀中师从严遵，所以他的哲学思想中

---

① 钟肇鹏. 严遵 [M] //贾顺先，戴大禄. 四川思想家. 成都：巴蜀书社，1988：28.
② 曹峰. 近年出土黄老思想文献研究 [M]. 北京：中国社会科学出版社，2015：34.
③ 班固. 汉书：第11册 [M]. 北京：中华书局，1962：3513.
④ 贾顺先，戴大禄. 四川思想家 [M]. 成都：巴蜀书社，1988：37.
⑤ 班固. 汉书：第11册 [M]. 北京：中华书局，1962：3583.

兼有儒、道、易的内容。但从他的美学思想来看，其中的道家元素并不明显而主要是对儒家美学的传承、发展与深化。所以，扬雄美学思想应该属于儒家美学，并促进了儒家美学在巴蜀美学中占据重要地位。

一、"中正则雅，多哇则郑"

儒家美学追求一种中正平和之美，总是要求人的情感在审美活动中不能过分，过分就有失中正平和而流为"淫"。孔子反对郑卫之音正是因为"郑声淫"（《论语·卫灵公》）①，他赞赏《关雎》是因为它"乐而不淫，哀而不伤"（《论语·八佾》）②。荀子倡导"情安礼"（《荀子·修身》）③，《毛诗序》曰"发乎情，止乎礼义"④，这无不体现出儒家美学对"淫"的反对。扬雄是一位儒学信奉者，十分推崇孔子的学说，他说："治己以仲尼"（《法言·修身》）⑤；"仲尼，神明也，小以成小，大以成大，虽山川、丘陵、草木、鸟兽，裕如也。如不用也，神明亦末如之何矣"（《法言·五百》）⑥。此外，他还说："书不经，非书也；言不经，非言也。言、书不经，多多赘矣！"（《法言·问神》）⑦ 可见，在扬雄的思想中，孔子和儒家经学是一切思想观念的准则。这也使他在美学方面对"淫"持反对态度。

---

① 何晏，注. 邢昺，疏. 论语注疏［M］//阮元，校刻. 十三经注疏：下册. 北京：中华书局，1980：2517.
② 何晏，注. 邢昺，疏. 论语注疏［M］//阮元，校刻. 十三经注疏：下册. 北京：中华书局，1980：2468.
③ 王先谦. 荀子集解：上册［M］. 北京：中华书局，1988：33.
④ 毛亨，传. 郑玄，笺. 孔颖达，疏. 毛诗正义［M］//阮元，校刻. 十三经注疏：上册. 北京：中华书局，1980：272.
⑤ 汪荣宝. 法言义疏：上册［M］. 北京：中华书局，1987：93.
⑥ 汪荣宝. 法言义疏：上册［M］. 北京：中华书局，1987：263.
⑦ 汪荣宝. 法言义疏：上册［M］. 北京：中华书局，1987：164.

在《长杨赋》中，扬雄倡导"人君以玄默为神，澹泊为德"①，但有些统治者却不明白这个道理，他们"外之则以为娱乐之游，内之则不以为乾豆之事"②、"陈钟鼓之乐，鸣韶磬之和，建硙磋之虡，拮隔鸣球，掉八列之舞"③。这一方面给统治者个人带来"真神之所劳"（《长杨赋》）④ 的后果，另一方面又会给社会、国家带来混乱的灾祸。所以，扬雄要求："躬服节俭，绨衣不敝，革鞜不穿，大厦不居，木器无文"（《长杨赋》）⑤；"后宫贱瑇瑁而疏珠玑，却翡翠之饰，除雕琢之巧，恶丽靡而不近，斥芬芳而不御，抑止丝竹晏衍之乐，憎闻郑卫幼眇之声"（《长杨赋》）⑥。易言之，扬雄要求统治者在审美享乐方面做到去"淫"，只有去"淫"才能实现"玉衡正而太阶平"⑦、"永亡边城之灾，金革之患"⑧。扬雄去"淫"的思想还体现在他对赋的态度中，他说："诗人之赋丽以则，辞人之赋丽以淫。"（《法言·吾子》）⑨ 在扬雄看来，无论是"诗人之赋"还是"辞人之赋"，"丽"都是其审美特征，即描绘性文体具有的最基本特征——"叙事状物，铺陈其辞"⑩。但两者的区别在于"丽以则"与"丽以淫"。司马光《注》曰："'诗人之赋丽以则'，陈威仪，布法则。'辞人之赋丽以淫'，奢侈相胜，靡丽相越，不归于正也。"⑪ 由此可见，扬雄倡导"诗人之赋"而反对"辞人之赋"是因为前者像"诗三百"那样有节

①　扬雄. 扬雄集校注［M］. 张震泽，校注. 上海：上海古籍出版社，1993：117.
②　扬雄. 扬雄集校注［M］. 张震泽，校注. 上海：上海古籍出版社，1993：117.
③　扬雄. 扬雄集校注［M］. 张震泽，校注. 上海：上海古籍出版社，1993：129.
④　扬雄. 扬雄集校注［M］. 张震泽，校注. 上海：上海古籍出版社，1993：129.
⑤　扬雄. 扬雄集校注［M］. 张震泽，校注. 上海：上海古籍出版社，1993：122.
⑥　扬雄. 扬雄集校注［M］. 张震泽，校注. 上海：上海古籍出版社，1993：122.
⑦　扬雄. 扬雄集校注［M］. 张震泽，校注. 上海：上海古籍出版社，1993：122.
⑧　扬雄. 扬雄集校注［M］. 张震泽，校注. 上海：上海古籍出版社，1993：124.
⑨　汪荣宝. 法言义疏：上册［M］. 北京：中华书局，1987：49.
⑩　万光治. 汉赋通论［M］. 成都：巴蜀书社，1989：244.
⑪　汪荣宝. 法言义疏：上册［M］. 北京：中华书局，1987：49－50.

制，可以发挥道德教化作用，后者则奢侈靡丽，毫无节制，违背雅正的标准。扬雄曰："女恶华丹之乱窈窕也，书恶淫辞之淈法度也"（《法言·吾子》）①；"君子言也无择，听也无淫。择则乱，淫则辟"（《法言·吾子》）②。违背雅正的"淫"搅乱法度，引人走上邪路。所以，扬雄提出崇雅斥俗（"郑""淫"）的审美观，即"中正则雅，多哇则郑"（《法言·吾子》）③。

扬雄的美学思想崇尚雅正平和，排斥淫逸奢侈，所以他倡导："君子惟正之听。荒乎淫，拂乎正，沈而乐者，君子不听也。"（《法言·寡见》）④ 但值得注意的是，扬雄并非排斥所有的艺术，人们虽然应该排斥郑卫淫声，但如果音乐符合雅正平和之道，那么还是可以成为人们的欣赏对象，这就是"君子惟正之听"。质言之，扬雄不是反对一切审美活动或艺术活动，而是反对审美和艺术活动中的"淫"。不仅如此，扬雄还注意到艺术所能发挥的积极功能，如："陶陶五帝，设为六乐。笙磬既同，钟鼓羽龠。周序神人，协于万国"（《太乐令箴》）⑤；"昔者神农造琴，以定神，禁淫僻，去邪欲，反其真者也。舜弹五弦之琴而天下治，尧加二弦，以合君臣之恩也"（《琴清英》）⑥。雅正的古乐能够发挥去除邪淫之念、协调人际关系、安邦治国的功能。另外，扬雄以赋为"童子雕虫篆刻"（《法言·吾子》）⑦，所以成年人不应该创作赋。不过，当提及赋所具有的讽谏功能时，扬雄的语气就有所缓和，他说："讽乎！讽则已，不已，吾恐不免于劝也。"（《法

---

① 汪荣宝. 法言义疏：上册 [M]. 北京：中华书局，1987：57.
② 汪荣宝. 法言义疏：上册 [M]. 北京：中华书局，1987：74.
③ 汪荣宝. 法言义疏：上册 [M]. 北京：中华书局，1987：53.
④ 汪荣宝. 法言义疏：上册 [M]. 北京：中华书局，1987：226.
⑤ 扬雄. 扬雄集校注 [M]. 张震泽，校注. 上海：上海古籍出版社，1993：398.
⑥ 扬雄. 扬雄集校注 [M]. 张震泽，校注. 上海：上海古籍出版社，1993：233.
⑦ 汪荣宝. 法言义疏：上册 [M]. 北京：中华书局，1987：45.

言·吾子》）① 即赋应该止于讽谏，如果超越讽谏而大肆铺张就应该被制止。

总之，扬雄以"中正则雅，多哇则郑"为审美标准，一方面反对人们过分地进行审美和艺术活动，因为过分就是"淫"；另一方面又注意到，合于雅正平和的艺术具有"禁淫"的作用，有利于社会和谐和国家安定。

二、"文质班班，万物粲然"

在扬雄眼里，孔子就是"圣人"（《法言·问明》）②，所以"好书而不要诸仲尼，书肆也。好说而不要诸仲尼，说铃也"（《法言·吾子》）③，孔子成为他楷法的对象，孔子的学说也是衡量一切的标准。

曾有人问扬雄，如果有一个人自称姓孔，字仲尼，进入孔子的家门，登上孔子的堂屋，靠着孔子的几凳，穿着孔子的衣服，可以说这个人就是孔子吗？扬雄回答："其文是也，其质非也。"（《法言·吾子》）④ 从"文"上看，此人是孔子；但从"质"上看，他不是孔子。这就引出了扬雄美学思想中的"文""质"问题。扬雄进一步解释道："羊质而虎皮，见草而说，见豺而战，忘其皮之虎矣。"（《法言·吾子》）⑤ 这个人就像一只披着虎皮的羊，见到草就高兴起来，遇到狼就战栗，他忘掉了自己披着虎皮。所以，此人外表看起来像孔子，其"质"并不是孔子。而"圣人虎别，其文炳也。君子豹别，其文蔚也。

---

① 汪荣宝. 法言义疏：上册 [M]. 北京：中华书局，1987：45.
② 汪荣宝. 法言义疏：上册 [M]. 北京：中华书局，1987：188.
③ 汪荣宝. 法言义疏：上册 [M]. 北京：中华书局，1987：74.
④ 汪荣宝. 法言义疏：上册 [M]. 北京：中华书局，1987：71.
⑤ 汪荣宝. 法言义疏：上册 [M]. 北京：中华书局，1987：71.

辩人狸别,其文萃也"(《法言·吾子》)①,《正字通·子集下·刀部》释"别"为"流别、种别"②,所以"圣人虎别"指的是圣人本身就是虎,这是"实",由此"实"而显现出辉煌灿烂的文采("文炳")。同样,君子和明辨之人本身就是豹子和狸猫,他们华美、荟萃的"文"也是基于他们是豹子和狸猫之"实"。由此可见,事物的"质"决定"文","质"更为根本。但扬雄传承了孔子"文质彬彬,然后君子"(《论语·雍也》)③ 的思想,在肯定"质"更为根本的同时,并不否定"文"的存在价值。扬雄曰:"实无华则野,华无实则贾,华实副则礼。"(《法言·修身》)④ 华实与文质相通。没有华丽外表的内容显得粗野,没有实质内容的华丽外表显得虚假,只有内容与外表相互匹配和统一才合乎礼义。

扬雄与孔子一样,倡导文质、华实相统一的审美观,但扬雄比孔子更进一步提出了这种审美观的依据。在扬雄哲学思想中,"玄"是本体范畴,是宇宙万物的本体、生命本源和运行规律。扬雄曰:"玄生神象二,神象二生规,规生三摹,三摹生九据。玄一摹而得乎天,故谓之有天,再摹而得乎地,故谓之有地,三摹而得乎人,故谓之有人。"(《太玄·玄告》)⑤ 质言之,"玄"是"天地人合一的绝对"⑥。郑万耕先生说:"神象二,即《易传》所谓两仪,天变化莫测称神,地有定形称象,故以神象言。"⑦ 所以,"神象二"指阴阳二气。扬雄

---

① 汪荣宝. 法言义疏:上册 [M]. 北京:中华书局,1987:72.
② 张自烈,廖文英. 正字通 [M]. 北京:中国工人出版社,1996:91.
③ 何晏,注. 邢昺,疏. 论语注疏 [M] //阮元,校刻. 十三经注疏:下册. 北京:中华书局,1980:2479.
④ 汪荣宝. 法言义疏:上册 [M]. 北京:中华书局,1987:97.
⑤ 扬雄. 太玄集注 [M]. 司马光,集注. 北京:中华书局,1998:215.
⑥ 黄开国. 一代玄静的儒学伦理大师:扬雄思想初探 [M]. 成都:巴蜀书社,1989:97.
⑦ 郑万耕. 太玄校释 [M]. 北京:北京师范大学出版社,1989:378.

又曰："一阴一阳，然后生万物。"（《太玄·玄图》）① 阴阳二气是"玄"的化生之物，相当于"道生一"的"一"，同时阴阳二气又是天地万物得以化生的不可缺少的一环，阴与阳相互摩荡化生万物。扬雄运用阴阳学说对他的文质观进行了阐释，他说："阴敛其质，阳散其文，文质班班，万物粲然。"（《太玄·文》）② 天地万物的"质"由阴气收敛而成，外在之"文"是阳气离散的结果。而"孤阴则不长，独阳则不生，故天地配以阴阳"（《幼学琼林·夫妇》）③，所以天地万物的"文"与"质"也是相互依存，不能独立存在的。刘韶军说："班班，犹言斑驳多花纹。粲然，成熟时的美观样子。"④ 因此，当事物内质外文相互配合与统一，就会呈现出粲然可观之美。质言之，文质如同阴阳二气，不是相互独立而是相互依存与配合的，并且事物之粲然客观之美正是在文与质的相互依存与配合中显现出来的。

文与质是相互依存和配合的，文质应该合一，而圣人正是文质合一的典范。《法言·重黎》载："或问'圣人表里'。曰：'威仪文辞，表也；德行忠信，里也。'"⑤ "表""里"就是圣人之"文""质"。圣人既有高尚的德行和忠信的品质，同时也有庄严的仪容和优美的言辞，圣人是文质、表里的统一。质言之，"文"以"质"为基础，"质"由"文"来彰显，"文质班班"才是理想的人格。由"文质班班，万物粲然"可知，圣人这种理想的人格不仅是伦理人格，它还是审美人格。

虽然扬雄的文质观是对孔子文质观的传承，但严格意义上不能认

---

① 扬雄. 太玄集注［M］. 司马光，集注. 北京：中华书局，1998：213－214.

② 扬雄. 太玄集注［M］. 司马光，集注. 北京：中华书局，1998：97.

③ 程登吉，原本，邹圣脉，增补. 幼学琼林［M］. 长沙：岳麓书社，1986：53.

④ 刘韶军. 太玄校注［M］. 武汉：华中师范大学出版社，1996：103.

⑤ 汪荣宝. 法言义疏：下册［M］. 北京：中华书局，1987：365.

为"孔子便已注意到了文章的内容与形式的关系问题。……要求两者的统一"①，因为孔子的文质观是对人格修养而提出的。在孔子文质观的基础上，司马相如就运用"文""质"来解说赋的创作："合綦组以成文，列锦绣而为质，一经一纬，一宫一商，此赋之迹也。"（《西京杂记》卷二)② 在此影响下，扬雄曰："玉不雕，玙璠不作器；言不文，典谟不作经。"（《法言·寡见》)③ 对玉石的"雕"和对言辞的"文"都是对事物外在形象的修饰与美化。如果玉石不被雕琢，就不会有像璠玙那样精美的佩饰。如果言辞不加修饰，就不会有像《尧典》和《皋陶谟》那样的经典。但这有一个前提，就是玉一定是"良玉"，言一定是"美言"，即玉和言的"质"一定要是美的和善的，否则无论怎样进行后天的雕琢与修饰都不能成为美。扬雄对这一问题的论述涉及艺术的内容与形式问题，艺术的内容是"质"，形式是"文"，在美的、善的内容基础上加以修饰与美化，才能创造出精美的艺术作品。

三、"大乐无间，民、神、禽、鸟之般"

现代心理学认为："人的社会关系，人对自己的活动和对客观世界的态度以及在人类历史进程中产生的需要的满足，形成人的情感。"④ 所以一般而言，需要得以满足就产生快乐愉悦之情，否则就产生哀伤忧郁之情。不同的人在人生境界上有高低之分，故他们所

---

① 胡经之. 中国古典美学丛编 [M]. 南京：凤凰出版社，2009：108.
② 葛洪. 西京杂记 [M]. 北京：中华书局，1985：12.
③ 汪荣宝. 法言义疏：上册 [M]. 北京：中华书局，1987：221.
④ Б. Б. 波果斯洛夫斯基，等. 普通心理学 [M]. 魏庆安，译. 北京：人民教育出版社，1981：304.

"乐"（lè）的对象就有所差异。颜回是孔子十分得意的弟子，他具有很高的人生境界，他所乐的对象与普通人不同。孔子曰："贤哉回也！一箪食，一瓢饮，在陋巷。人不堪其忧，回也不改其乐。贤哉回也！"（《论语·雍也》）① 何晏《注》引孔安国曰："颜渊乐道，虽箪食在陋巷，不改其所乐。"② 一般人以物质需要的满足为乐，颜回却以超越物质需要的"道"为乐。孔子以"贤"称赞颜回，足以见出孔子十分推崇这种颜回之乐。这就是对后世影响极大的"孔颜之乐"或"孔颜乐处"。

扬雄以孔子为圣人，以孔子学说为评判一切的标准。那么，孔子推崇的颜回之乐自然也受到扬雄的关注。《法言·学行》载：

> 或曰："使我纡朱怀金，其乐不可量也。"曰："纡朱怀金者之乐，不如颜氏子之乐。颜氏子之乐也，内；纡朱怀金者之乐也，外。"或曰："请问屡空之内。"曰："颜不孔，虽得天下，不足以为乐。""然亦有苦乎？"曰："颜苦孔之卓之至也。"或人瞿然曰："兹苦也，祇其所以为乐也与！"③

"纡朱怀金"比喻得到功名利禄，它给普通人以无穷之乐。但扬雄明确指出，这种乐比不上"颜氏子之乐"，并且进一步阐释道，功名利禄给人带来的乐是"外"，颜氏之乐是"内"。扬雄又曰："箪瓢之乐，颜氏德也。"（《法言·修身》）④ 可见，颜氏之乐其实是以道德

---

① 何晏，注. 邢昺，疏. 论语注疏［M］//阮元，校刻. 十三经注疏：下册. 北京：中华书局，1980：2478.
② 何晏，注. 邢昺，疏. 论语注疏［M］//阮元，校刻. 十三经注疏：下册. 北京：中华书局，1980：2478.
③ 汪荣宝. 法言义疏：上册［M］. 北京：中华书局，1987：41.
④ 汪荣宝. 法言义疏：上册［M］. 北京：中华书局，1987：98.

为乐，"纡朱怀金者之乐"是以外在于人的功名利禄为乐。既然以道德为乐，就说明道德不是外在于颜回的约束而是内在于心的自愿、自觉，践行道德不是出自外在的强制而是起于自然而然。一切道德观念与行为都是颜回生命、生活的一部分，所以道德观念与行为就成为自由，内心也随之产生愉悦之情。这就是颜氏之乐，亦可称为"自得"之乐，因为"自得则在内在性情上，不在外面事业上"①。圣人与普通人的区别是："圣人重其道而轻其禄，众人重其禄而轻其道。"（《法言·五百》）② 所以，颜回以道德为乐就是圣人境界。另外，扬雄《太玄·乐》曰："次四，拂其系，绝其繡，佚厥心。《测》曰：拂系绝繡，心诚快也。"③ 超越功名利禄、利害得失之时就是自由自在、无拘无束之时。此时，人的内心所获得的快乐才是真正、纯粹的快乐，即"心诚快"。质言之，扬雄宣扬的"颜氏子之乐"是一种超越功名利禄、利害得失的自得之乐、纯粹之乐，获得"颜氏子之乐"就进入了自由的圣人境界。

孟子也谈论过"乐"（lè），他说："君子有三乐，而王天下不与存焉。父母俱存，兄弟无故，一乐也。仰不愧于天，俯不怍于人，二乐也。得天下英才而教育之，三乐也。君子有三乐，而王天下不与存焉。"（《孟子·尽心上》）④ 孟子提出的第一乐属于孝悌，第二乐属于诚信而心无邪念，第三乐属于教育，焦循《注》曰"教育英才，承之以道"⑤。不过，孟子所说的君子之"三乐"主要属于道德之乐的范

---

① 钱穆. 中国文化精神［M］//钱宾四先生全集：第38册［M］. 台北：联经出版事业公司，1998：133.
② 汪荣宝. 法言义疏：上册［M］. 北京：中华书局，1987：251.
③ 扬雄. 太玄集注［M］. 司马光，集注. 北京：中华书局，1998：52.
④ 赵岐，注. 孙奭，疏. 孟子注疏［M］//阮元，校刻. 十三经注疏：下册. 北京：中华书局，1980：2766.
⑤ 焦循. 孟子正义：下册［M］. 北京：中华书局，1987：905.

畴。扬雄也提出了"三乐",但这"三乐"更多地指向政治,如:

> 臣闻天下有三乐,有三忧焉。阴阳和调,四时不忒;年
> 丰物遂,无有夭折;灾害不生,兵戎不作:天下之乐也。圣
> 明在上,禄不遗贤,罚不偏罪;君子小人,各处其位:众臣
> 之乐也。吏不苛暴,役赋不重;财力不伤,安土乐业:民之
> 乐也。乱则反焉,故有三忧。(《连珠》)①

"民之乐""众臣之乐"都起于明君在上,政治清明,公平正义,赏罚分明,等等。"天下之乐"起于"阴阳和调,四时不忒"的天道及其影响下的无灾害、无混乱的人道。当然,扬雄提出的这"三乐"还未达到"颜氏之乐"的高度。另外,孟子曾对统治者提出"与民同乐""与百姓同乐"(《孟子·梁惠王下》)② 的要求,这样可以有效化解百姓的不满与怨恨,从而实现天下的顺服。扬雄也提出了类似的观念,如"初一,独乐款款,及不远。《测》曰:独乐款款,淫其内也"(《太玄·乐》)③。在扬雄看来,统治者独自进行审美享乐,此乐不仅不能持续久远,它还是一种"淫"。显然,扬雄与孟子一样反对统治者不顾百姓而"独乐"。但与孟子不同的是,扬雄提出统治者应以"大乐"为最高追求,以化解百姓的不满与怨恨。他说:"次六,大乐无间,民神禽鸟之般。《测》曰,大乐无间,无不怀也。"(《太玄·

---

① 扬雄. 扬雄集校注 [M]. 张震泽, 校注. 上海:上海古籍出版社, 1993:236 –
237.
② 赵岐, 注. 孙奭, 疏. 孟子注疏 [M] //阮元, 校刻. 十三经注疏:下册. 北京:
中华书局, 1980:2674.
③ 扬雄. 太玄集注 [M]. 司马光, 集注. 北京:中华书局, 1998:51.

乐》）① 郑万耕《校释》引叶子奇曰："无间，无阻隔也。"② 所以，"大乐"不只是与民同乐，还与天地神人、鸟兽虫鱼同乐，故曰大乐"无不怀也"。统治者以"大乐"为乐，就像宋儒推崇的"仁者"那样"以天地万物为一体"（《河南程氏遗书·二先生语二上》）③，不仅使人类社会呈现出一派祥和快乐的景象，更使天地造化、宇宙万物处于和谐愉悦之中，"大乐"彰显出人所达到的天人合一之境。

四、余论

从总体上看，扬雄崇尚雅正平和之乐而排斥郑卫淫声，认为"文"与"质"应该相互统一和配合才能生成璀璨可观之美，在宣扬"颜氏子之乐"基础上进一步提出以"大乐"为乐的美学思想。这都是对儒家美学的传承、发展与深化，促使儒家美学在巴蜀美学史中占据重要位置。此外，扬雄还提出了一些具有一定科学性和现代价值的美学观点，如"是以声之眇者不可同于众人之耳，形之美者不可棍于世俗之目，辞之衍者不可齐于庸人之听"（《解难》）④。"众人之耳""世俗之目"和"庸人之听"类似于马克思所说的"没有音乐感的耳朵"，而"对于没有音乐感的耳朵来说，最美的音乐毫无意义，不是对象"⑤，"如果你想得到艺术的享受，那你就必须是一个有艺术修养的人"⑥。所以，要想感受事物之美，就必须具备一定的审美能力和审

---

① 扬雄. 太玄集注［M］. 司马光，集注. 北京：中华书局，1998：52.
② 郑万耕. 太玄校释［M］. 北京：北京师范大学出版社，1989：76.
③ 程颢，程颐. 二程集：上册［M］. 北京：中华书局，2004：15.
④ 扬雄. 扬雄集校注［M］. 张震泽，校注. 上海：上海古籍出版社，1993：201.
⑤ 马克思. 1844 年经济学哲学手稿［M］. 中共中央马克思恩格斯列宁斯大林著作编译局，编译. 北京：人民出版社，2000：87.
⑥ 马克思. 1844 年经济学哲学手稿［M］. 中共中央马克思恩格斯列宁斯大林著作编译局，编译. 北京：人民出版社，2000：146.

美修养，否则即使面对最美的音乐、形象、文辞都没有任何感觉，审美关系无法建立，审美活动无法进行。这也是扬雄揭示出的"美育"的重要性。

第四节 "蜀中通儒"谯周的美学思想

魏晋时期的巴蜀与中原一样，战争频繁，社会动荡，经济文化大幅倒退。但中原地区却兴起了一股崇尚自由逍遥、超然洒脱、放浪无羁的玄学思潮，正如汤用彤先生所言："及至汉末以后，中华学术渐变，祖尚老、庄。"① 所以，儒家美学在魏晋美学中并不占主流。由于地理环境的限制，魏晋时期的巴蜀却未受到玄风的浸染，儒家美学在魏晋时期的巴蜀仍有较大影响，并占据主流地位。谯周（200—270，四川西充县人）的美学思想正是魏晋巴蜀美学的代表。他融贯经史、通经综史②，被称为"通儒"（《三国志·蜀书·杜琼传》）③，著有《法训》《五经论》《古史考》等著述百余篇④。谯周一生经历汉末、蜀汉和晋初，担任蜀汉政权的劝学从事、典学从事、太子仆、太子家令等官职，主要从事学政、学者的管理工作。从《三国志·蜀书·谯周传》的记载来看，谯周出生的家庭具有崇儒之风，其父谯岍"治《尚书》"，他自己也"研精《六经》"，并在晚年时说，"今吾年过七十，庶慕孔子遗风"。⑤ 由此可见，谯周信奉儒学，他的学术思想主要

---

① 汤用彤. 魏晋玄学论稿［M］. 增订版. 北京：生活·读书·新知三联书店，2009：109.
② 贾顺先，戴大禄. 四川思想家［M］. 成都：巴蜀书社，1988：87.
③ 陈寿. 三国志：第4册［M］. 北京：中华书局，1964：1022.
④ 陈寿. 三国志：第4册［M］. 北京：中华书局，1964：1033.
⑤ 陈寿. 三国志：第4册［M］. 北京：中华书局，1964：1207，1033.

是对儒学的传承、阐释与研究。这也使谯周的美学思想具有儒家美学的特质。

一、"忧责在身者，不暇尽乐"

建安二十四年（219），刘备攻占汉中，自称汉中王，并立其子刘禅为太子①，谯周被任命为太子仆。当时，刘禅频繁外出游玩，沉溺于声色娱乐，有时甚至连祭祀活动也不参加，即"颇出游观，增广声乐"（《三国志·蜀书·谯周列传》）②、"四时之祀，或有不临，池苑之观，或有仍出"（《谏后主疏》）③。

谯周对此感到不安，便上书劝谏曰：

> 昔王莽之败，豪杰并起，跨州据郡，欲弄神器。于是贤才智士思望所归，未必以其势之广狭，惟其德之薄厚也。是故于时更始、公孙述及诸有大众者多已广大，然莫不快情恣欲，怠于为善，游猎饮食，不恤民物。世祖初入河北，冯异等劝之曰："当行人所不能为。"遂务理冤狱，节俭饮食，动遵法度。故北州歌叹，声布四远。（《谏后主疏》）④

在王莽败亡之时，豪杰并起，割据一方，想要夺得国家大权。当时的更始帝刘玄、割据益州的公孙述以及拥有大批人马的各路豪杰都

① 陈寿. 三国志：第4册［M］. 北京：中华书局，1964：893.
② 陈寿. 三国志：第4册［M］. 北京：中华书局，1964：1027.
③ 严可均，校辑. 全上古三代秦汉三国六朝文：第2册［M］. 北京：中华书局，1958：1861.
④ 严可均，校辑. 全上古三代秦汉三国六朝文：第2册［M］. 北京：中华书局，1958：1861.

十分强大，但他们全都"快情恣欲，怠于为善，游猎饮食，不恤民物"，所以贤才智士都未归附他们。这说明，贤才智士不是根据势力大小来选择归附对象，而是"惟其德之薄厚也"，即以"德"为标准。光武帝刘秀刚到河北时，听取了冯异等人的意见，"遂务理冤狱，节俭饮食，动遵法度"（《谏后主疏》）①，他的美名便传播四方，北方的民众都称颂他。于是在刘秀的势力还未变得强大时，邓禹、吴汉、寇恂、邳肜、耿纯、刘植等人皆因"遥闻德行""望风慕德"（《谏后主疏》）② 而追随他，最终使他由弱转强，成就帝业。谯周总结道，"故《传》曰'百姓不徒附'，诚以德先之也"（《谏后主疏》）③，即强调"德"是做人、行事的首要原则。而谯周所谓的"德"又具有节俭、寡欲、不放纵、不奢侈的内涵，"快情恣欲"就是无"德"的表现。所以，谯周对后主刘禅说：

> 夫忧责在身者，不暇尽乐，先帝之志，堂构未成，诚非尽乐之时。愿省减乐官、后宫所增造，但奉修先帝所施，下为子孙节俭之教。（《谏后主疏》）④

在谯周看来，先帝统一天下的遗业就是后主刘禅的责任，在天下还未统一时，就不应该花费时间去纵情享乐。所以，谯周劝刘禅"省减乐官、后宫所增造"。

---

① 严可均，校辑. 全上古三代秦汉三国六朝文：第 2 册［M］. 北京：中华书局，1958：1861.
② 严可均，校辑. 全上古三代秦汉三国六朝文：第 2 册［M］. 北京：中华书局，1958：1861.
③ 严可均，校辑. 全上古三代秦汉三国六朝文：第 2 册［M］. 北京：中华书局，1958：1861.
④ 严可均，校辑. 全上古三代秦汉三国六朝文：第 2 册［M］. 北京：中华书局，1958：1861.

在儒家美学中一直存在倡导节制、反对奢侈的传统，如孔子宣扬"乐而不淫，哀而不伤"（《论语·八佾》）①，荀子认为"纵性情，安恣睢，而违礼义者为小人"（《荀子·性恶》)② 以及《毛诗序》要求"发乎情，止乎礼义"③，等等。凡是过分的情感、享乐或审美都被视作"淫"而违背礼义，属于无德之小人的行为。另外，儒家美学还宣扬"功成作乐"的思想。《礼记·乐记》曰："王者功成作乐，治定制礼。其功大者其乐备，其治辩者其礼具。"④ 孔颖达《疏》曰："乐者，圣人所乐，发扬己之功德，故云'功成作乐'。"⑤ 政治稳固、功业成就后才是君王制礼作乐的时候，音乐的完备程度取决于功业的大小，并且它还是君王功绩与道德的象征。《白虎通义·礼乐》进一步曰："太平乃制礼作乐何？夫礼乐所以防奢淫。天下人民饥寒，何乐之乎？功成作乐，治定制礼。"⑥ 艺术创作与审美享乐应该在天下太平，人民的温饱问题得以解决之后进行。这正如马克思所言："忧心忡忡、贫穷的人对最美丽的景色都没有什么感觉。"⑦

儒家美学的这一观点无疑具有一定的合理性，因为艺术或审美活动是人类的一项精神活动，满足的是人类的精神文化需求。一般而言，只有当物质需要得以满足的情况下，人们才会有闲暇去寻求精神需要

---

① 何晏，注. 邢昺，疏. 论语注疏［M］//阮元，校刻. 十三经注疏：下册. 北京：中华书局，1980：2468.
② 王先谦. 荀子集解：下册［M］. 北京：中华书局，1988：435.
③ 毛亨，传. 郑玄，笺. 孔颖达，疏. 毛诗正义［M］//阮元，校刻. 十三经注疏：上册. 北京：中华书局，1980：272.
④ 郑玄，注. 孔颖达，疏. 礼记正义［M］//阮元，校刻. 十三经注疏：下册. 北京：中华书局，1980：1530.
⑤ 郑玄，注. 孔颖达，疏. 礼记正义［M］//阮元，校刻. 十三经注疏：下册. 北京：中华书局，1980：1531.
⑥ 陈立. 白虎通疏证：上册［M］. 北京：中华书局，1994：98.
⑦ 马克思. 1844 年经济学哲学手稿［M］. 中共中央马克思恩格斯列宁斯大林著作编译局，编译. 北京：人民出版社，2000：87.

的满足。因此，儒家美学倡导"功成作乐"。谯周传承了儒家美学的这种思想，劝谏刘禅在功业未完成、天下未统一时，不要纵情享乐，减少宫中的音乐活动和宫殿的扩建。而这种"非尽乐""省减乐官"的观念和行为正是一种有"德"的表现。

二、对"丧而歌"的反对

魏晋是一个自由潇洒、自得飘逸的时代，但自由潇洒、自得飘逸却生成于混乱、动荡的时局之中。所以李泽厚说，魏晋士人"有相当多的情况是，表面看来潇洒风流，骨子里却潜藏深埋着巨大的苦恼、恐惧和烦恼"①。而吟唱"挽歌"则成为魏晋士人表达内心深处的苦恼、恐惧和烦恼的方式之一，并逐渐成为一种时尚。

干宝《搜神记》曰："挽歌者，丧家之乐；执绋者，相和之声也。"② 挽歌就是在送葬时吟唱的祭挽之歌。《诗·小雅·四月》曰："君子作歌，维以告哀。"③《左传·哀公十一年》载："将战，公孙夏命其徒歌《虞殡》。"④ 杜预《注》曰："《虞殡》，送葬歌曲，示必死。"⑤ 孔颖达《疏》曰："盖以启殡将虞之歌，谓之'虞殡'。歌者，乐也。丧者，哀也。送葬得有歌者，盖挽引之人为歌声以助哀，今之

---

① 李泽厚. 美学三书［M］. 合肥：安徽教育出版社，1999：104.
② 干宝. 搜神记［M］. 北京：中华书局，1979：189.
③ 毛亨，传. 郑玄，笺. 孔颖达，疏. 毛诗正义［M］//阮元，校刻. 十三经注疏：上册. 北京：中华书局，1980：463.
④ 左丘明，传. 杜预，注. 孔颖达，疏. 春秋左传正义［M］//阮元，校刻. 十三经注疏：下册. 北京：中华书局，1980：2166.
⑤ 左丘明，传. 杜预，注. 孔颖达，疏. 春秋左传正义［M］//阮元，校刻. 十三经注疏：下册. 北京：中华书局，1980：2166.

挽歌是也。"① 刘孝标《世说新语注》引《庄子》逸文曰："绋讴所生，必于斥苦。"②《酉阳杂俎续集·砭误》引司马彪《庄子注》曰："绋读曰拂，引柩索。讴，挽歌，斥疏缓，苦急促。言引绋讴者，为人用力也。"③ 因此，早在先秦就已存在为死者吟唱"挽歌"以表哀悼的现象。到汉代以后，为死者吟唱挽歌更为普遍，如崔豹《古今注·音乐》曰："《薤露》《蒿里》，并丧歌也。……至孝武时，李延年乃分为二曲。《薤露》送王公贵人，《蒿里》送士大夫庶人。使挽柩者歌之，世呼为挽歌。"④《晋书·礼制中》载："汉魏故事，大丧及大臣之丧，执绋者挽歌。新礼以为挽歌出于汉武帝役人之劳歌，声哀切，遂以为送终之礼。"⑤ 可见，先秦虽已有挽歌，但自汉代始，挽歌被官方定为"送终之礼"。⑥ 到东汉末年，吟唱挽歌出现新变，将吟唱挽歌的场所由葬礼转移到了宴席上。《后汉书·周举传》载："六年三月上巳日，商大会宾客，宴于洛水，举时称疾不往。商与亲昵酣饮极欢，及酒阑倡罢，继以《薤露》之歌，坐中闻者，皆为掩涕。"⑦《薤露》是汉晋间流传的一种挽歌。《风俗通义佚文·服妖》载："灵帝时，京师宾婚嘉会，皆作魁儡，酒酣之后，续以挽歌。魁儡，丧家之乐；挽歌，执绋相偶和之者。"⑧ 虽然汉末出现了以挽歌为乐的现象，

① 左丘明，传. 杜预，注. 孔颖达，疏. 春秋左传正义［M］//阮元，校刻. 十三经注疏：下册. 北京：中华书局，1980：2166.
② 刘义庆. 世说新语汇校集注［M］. 刘孝标，注. 朱铸禹，汇校集注. 上海：上海古籍出版社，2002：634.
③ 段成式. 酉阳杂俎［M］. 北京：中华书局，1981：239.
④ 崔豹. 古今注［M］. 北京：中华书局，1985：10.
⑤ 房玄龄，等. 晋书：第3册［M］. 北京：中华书局，1974：626.
⑥ 吴承学. 汉魏六朝挽歌考论［J］. 文学评论，2002（3）：59-68.
⑦ 范晔. 后汉书：第7册［M］. 北京：中华书局，1965：2028.
⑧ 应劭. 风俗通义校注：下册［M］. 王利器，校注. 北京：中华书局，1981：568-569.

但时人对此颇有微词，认为这是"哀乐失时"（《后汉书·周举传》）①，宴席上吟唱的挽歌就是亡国之音。魏晋以后，士人们则更进一步，把酒言欢，纵情任诞，不仅好听挽歌，还在兴之所至之时吟唱挽歌，如"山松每出游，好令左右作挽歌"（《晋书·袁山松传》）②；"张驎酒后挽歌甚凄苦"（《世说新语·任诞》）③；"晔与司徒左西属王深宿广渊许，夜中酣饮，开北牖听挽歌为乐"（《宋书·范晔传》）④。可以说，以"挽歌"为乐的行为正体现出这些魏晋文人狂放不羁、自由逍遥的精神，是"越名教而任自然"（嵇康《释私论》）⑤ 的显现与落实。

"挽歌"本是"丧家之乐"，汉末却出现了在宴席上吟唱挽歌的风气，魏晋名士更以"挽歌"为乐。在谯周《法训》中，这种现象被称为"有丧而歌"的"乐丧"，如：

> 有丧而歌者。或曰："彼为乐丧也，有不可乎？"谯子曰："《书》云：'四海遏密八音。'何乐丧之有？"曰："今丧有挽歌者，何以哉？"谯子曰："周闻之：盖高帝召齐田横至于尸乡亭，自刎奉首，从者挽至于宫，不敢哭而不胜哀，故为歌以寄哀音。彼则一时之为也。邻有丧，舂不相引，挽人衔枚，孰乐丧者邪！"⑥

① 范晔. 后汉书：第 7 册 ［M］. 北京：中华书局，1965：2028.
② 房玄龄，等. 晋书：第 7 册 ［M］. 北京：中华书局，1974：2169.
③ 刘义庆. 世说新语汇校集注 ［M］. 刘孝标，注. 朱铸禹，汇校集注. 上海：上海古籍出版社，2002：633.
④ 沈约. 宋书：第 6 册 ［M］. 北京：中华书局，1974：1820.
⑤ 嵇康. 嵇康集校注 ［M］. 戴明扬，校注. 北京：人民文学出版社，1962：234.
⑥ 刘义庆. 世说新语汇校集注 ［M］. 刘孝标，注. 朱铸禹，汇校集注. 上海：上海古籍出版社，2002：633 - 634.

"乐丧"就是以"丧"为乐，故在进行丧葬活动时吟唱歌曲。有人问谯周认不认可这种行为，谯周则引用《尚书·舜典》中的话来加以否定。《尚书·舜典》载："二十有八载，帝乃殂落。百姓如丧考妣，三载，四海遏密八音。"① 孔颖达《疏》曰："三载之内，四海之人，蛮夷戎狄皆绝静八音而不复作乐。……夷狄尚绝音三年，则华夏内国可知也。"② 尧在舜继位后的第二十八年去世了，百姓就像失去父母一样悲痛，天下有三年都没有进行任何音乐活动。所以，"乐丧"怎么能存在呢？提问者接着问，那在进行丧葬活动时吟唱"挽歌"又是怎么回事呢？谯周认为，"挽歌"起源于田横。田横（？—前202），原齐国贵族。刘邦称帝后，召他入朝为官，但他不愿称臣，又因杀害郦食其（前268—前203）而无法与其弟郦商（？—前180）同朝，所以在离洛阳三十里的尸乡自刎，并吩咐他的手下将他的头颅送给刘邦。刘邦见到田横的首级后，"为之流涕""以王者礼葬田横"（《史记·田横传》）③。在将田横首级送给刘邦的过程中，田横的手下悲痛欲绝，但又不敢哭泣，所以只有通过歌唱来寄托哀伤之情，这就是"挽歌"。谯周认为，这是"一时之为"，即在特殊情况下的特殊做法。同时，他又补充道："邻有丧，舂不相，引挽人衔枚，孰乐丧者邪？""邻有丧，舂不相"出自《礼记·曲礼上》和《礼记·檀弓上》。郑玄《注》曰："相，谓以音声相劝。"④ 即邻居有丧事，舂米时不能歌唱。"衔枚"就是嘴里含住一个细小的东西，防止讲话，故宋玉《九

---

① 孔安国，传. 孔颖达，疏. 尚书正义［M］//阮元，校刻. 十三经注疏：上册. 北京：中华书局，1980：129.
② 孔安国，传. 孔颖达，疏. 尚书正义［M］//阮元，校刻. 十三经注疏：上册. 北京：中华书局，1980：129 - 130.
③ 司马迁. 史记：第8册［M］. 北京：中华书局，1959：2648.
④ 郑玄，注. 孔颖达，疏. 礼记正义［M］//阮元，校刻. 十三经注疏：上册. 北京：中华书局，1980：1275.

辩》曰："愿衔枚而无言兮。"① "衔枚"引申为"无言"。由此而言，谯周反对在丧葬时歌唱，那么"挽歌"自然也不被允许。这说明，谯周所坚持的是儒家美学思想，因为孔子本人就奉行"于是日哭，则不歌"（《论语·述而》）② 的原则，《礼记·曲礼上》也要求人们"临丧不笑""望柩不歌"以及"邻有丧，舂不相。里有殡，不巷歌。适墓不歌。哭日不歌"③。

《左传·昭公二十五年》载："哀有哭泣，乐有歌舞。"④《大戴礼记·曾子事父母》载："和歌而不哀。"⑤ 董仲舒曰："民乐而歌之以为诗。"（《春秋繁露·身之养重于义》）⑥《白虎通义·礼乐》曰："夫歌者，口言之也。中心喜乐，口欲歌之，手欲舞之，足欲蹈之。"⑦ 可见，在儒家美学中，歌唱一般起于欢喜、快乐之情，与丧礼之悲痛、哭泣对立。何晏《论语注》曰："一日之中，或哭或歌，是亵于礼容。"⑧ 因此，谯周反对"丧而歌"的"乐丧"其实蕴含着对"礼"的维护，也就是说进行歌唱等艺术活动应该遵循"礼"。

---

① 蒋天枢. 楚辞校释 [M]. 上海：上海古籍出版社，1989：102.

② 何晏，注. 邢昺，疏. 论语注疏 [M] //阮元，校刻. 十三经注疏：下册. 北京：中华书局，1980：2482.

③ 郑玄，注. 孔颖达，疏. 礼记正义 [M] //阮元，校刻. 十三经注疏：上册. 北京：中华书局，1980：1249.

④ 左丘明，传. 杜预，注. 孔颖达，疏. 春秋左传正义 [M] //阮元，校刻. 十三经注疏：下册. 北京：中华书局，1980：2108.

⑤ 王聘珍. 大戴礼记解诂 [M]. 北京：中华书局，1983：87.

⑥ 苏舆. 春秋繁露义证 [M]. 北京：中华书局，1992：265.

⑦ 陈立. 白虎通疏证：上册 [M]. 北京：中华书局，1994：96.

⑧ 何晏，注. 邢昺，疏. 论语注疏 [M] //阮元，校刻. 十三经注疏：下册. 北京：中华书局，1980：2482.

三、君子之乐

梁漱溟先生曾说，"融国家于社会人伦之中，纳政治于礼俗教化之中，而以道德统括文化，或至少是在全部文化中道德气氛特重，确为中国的事实"，因此，"我们尽可确言道德气氛特重为中国文化之一大特征"。① 而中国文化的这一特征又集中体现在儒学之中。相对于道家而言，儒家积极入世，齐家、治国、平天下乃是知识分子的职责，但它们的基础却是"修身"，正如《大学》所言："自天子以至于庶人，壹是皆以修身为本。"② 所以在儒家看来，个人的道德修养是社会和谐、国家安定的基础。而"礼"是内心之"德"的外在表现形式，儒家重视个人道德修养必然要求每个人的思想观念、行为举止符合"礼"，故儒家崇德的同时也遵礼，儒家文化也就是一种"礼"文化③，儒学就是礼学。

谯周奉行儒学，同样重视道德修养在个人修为方面的作用，倡导人们应该养成"礼""孝"等品质。但谯周的论述方式却较为特别，因为他认为人的道德来自对动物的模仿，如其《法训》曰：

> 羊有跪乳之礼，鸡有识时之信，雁有庠序之仪，人取法焉。④

---

① 梁漱溟. 中国文化要义［M］. 上海：上海人民出版社，2011：22 – 23.
② 郑玄，注. 孔颖达，疏. 礼记正义［M］//阮元，校刻. 十三经注疏：上册. 北京：中华书局，1980：1673.
③ 蒙培元. 情感与理性［M］. 北京：中国社会科学出版社，2002：175.
④ 谯周. 谯子法训［M］//马国翰，辑. 玉函山房辑佚书：第4册. 扬州：广陵书社，2004：2594.

乌也独有返哺，况人而无孝心者乎？①

　　小羊在吃奶时会跪下前腿，鸡能把握时辰，大雁在飞翔时排列有序，乌鸦长大后会觅食喂养母亲。在谯周看来，社会中的人伦道德都源于此，如对父母的孝敬、感恩取法于小羊"跪乳"和乌鸦"反哺"，懂得把握时机取法于鸡的"识时"，长幼之序则取法于大雁飞行时的"庠序之仪"。连动物都有这样的伦理道德，遵循一定的礼，那人怎么能没有道德观念，怎么能不遵循礼呢？所以，谯周曰："人之所以贵者，以其礼节也。人而无礼，其狝猴乎？唯人象而虫质也。"（《法训》）② 如果人"无礼"，就仅有人之面而无人之质，即"人象虫质"。

　　儒家以"修身"为一切之基，不断进行自我修养就可成为"君子"。孔子曰："君子去仁，恶乎成名？君子无终食之间违仁，造次必于是，颠沛必于是。"（《论语·里仁》）③ 君子就是有"仁"德的人，并且在任何情况下都坚持"仁"，君子就是"仁"的代名词。"仁"是什么呢？孔子从多个侧面阐释了"仁"，但并无一处给予"仁"明确定义，如"孝弟也者，其为仁之本与"（《论语·学而》）④；"巧言令色，鲜矣仁"（《论语·学而》）⑤；"夫仁者，己欲立而立人，己欲

---

① 谯周. 谯子法训 [M] //马国翰, 辑. 玉函山房辑佚书：第4册. 扬州：广陵书社，2004：2594.

② 谯周. 谯子法训 [M] //马国翰, 辑. 玉函山房辑佚书：第4册. 扬州：广陵书社，2004：2594.

③ 何晏, 注. 邢昺, 疏. 论语注疏 [M] //阮元, 校刻. 十三经注疏：下册. 北京：中华书局，1980：2471.

④ 何晏, 注. 邢昺, 疏. 论语注疏 [M] //阮元, 校刻. 十三经注疏：下册. 北京：中华书局，1980：2457.

⑤ 何晏, 注. 邢昺, 疏. 论语注疏 [M] //阮元, 校刻. 十三经注疏：下册. 北京：中华书局，1980：2457.

达而达人"（《论语·雍也》）①；"克己复礼为仁"（《论语·颜渊》）②；"刚毅、木讷，近仁"（《论语·子路》）③，等等。可以说，"仁"是多种道德的集合体，是"人与人相接相处之道德之总称。父母之慈，子女之孝，兄弟姊妹之友，夫妇之爱，朋友之信，皆可谓之仁，特以人地位关系之不同，分化为各种德目而异其名耳"④。简言之，"仁"是道德之全体，其他具体的道德为"仁"之用。而君子则是"仁"的代名词，所以君子之德乃各种道德之汇集，故曰："君子不器。"（《论语·为政》）⑤ 另外，孔子曰："里仁为美。"（《论语·里仁》）⑥ 君子不仅是有道德之人，他还是具有审美人格之人，君子境界也不仅是一种道德境界，它还是一种审美的境界。

谯周对"君子"的看法接续孔子，他认为"念己之短，好人之长，近仁也"（《法训》）⑦，而"君子好闻过而无过，小人恶闻过而有过"（《法训》）⑧，所以君子正是"近仁"之人。谯周《法训》又曰："好学以崇智，故得广业；力行而卑体，故能崇德。是以君子居谦而

---

① 何晏，注. 邢昺，疏. 论语注疏 [M] //阮元，校刻. 十三经注疏：下册. 北京：中华书局，1980：2479.
② 何晏，注. 邢昺，疏. 论语注疏 [M] //阮元，校刻. 十三经注疏：下册. 北京：中华书局，1980：2502.
③ 何晏，注. 邢昺，疏. 论语注疏 [M] //阮元，校刻. 十三经注疏：下册. 北京：中华书局，1980：2508.
④ 蒋伯潜. 十三经概论 [M]. 上海：世界书局，1944：521.
⑤ 何晏，注. 邢昺，疏. 论语注疏 [M] //阮元，校刻. 十三经注疏：下册. 北京：中华书局，1980：2462.
⑥ 何晏，注. 邢昺，疏. 论语注疏 [M] //阮元，校刻. 十三经注疏：下册. 北京：中华书局，1980：2471.
⑦ 谯周. 法训 [M] //王仁俊，辑. 玉函山房辑佚书续编三种. 上海：上海古籍出版社，1989：172.
⑧ 谯周. 法训 [M] //王仁俊，辑. 玉函山房辑佚书续编三种. 上海：上海古籍出版社，1989：172.

弘道，然后德能象天地。"① 君子不仅好学而具有智慧，还谦卑地践行道德，所以君子能够比象天地。这彰显出君子人格的崇高之美。此外，谯周还结合"乐"（lè）来揭示君子境界，如其《法训》载：

> 君子处陋巷之中，奚乐也？曰："乐得其亲，乐得其友，乐圣人之道也。"②

"君子处陋巷之中"出自《论语·雍也》，原文为："贤哉回也！一箪食，一瓢饮，在陋巷。人不堪其忧，回也不改其乐。贤哉回也！"③ 何晏《注》引孔安国曰："颜渊乐道，虽箪食在陋巷，不改其所乐。"④ 邢昺《疏》曰："回居处又在隘陋之巷，他人见之不任其忧，唯回也不改其乐道之志，不以贫为忧苦也。"⑤ 由此可见，颜回所乐之物是"道"而非物质。杨国荣认为此乐是"以'谋道不谋食'为原则，不断追求理想的境界，在理性的升华中，达到精神的满足和愉悦"⑥。所以朱熹说，颜渊"处之泰然"（《论语集注》）⑦，即超越物质欲望而进入自由境界。一般人却因见到颜回贫苦的生活条件而感到忧愁，故谯周以颜回为"君子"，并对一般人之乐与君子之乐进行了

---

① 谯周. 谯子法训［M］//马国翰，辑. 玉函山房辑佚书：第4册. 扬州：广陵书社，2004：2594.
② 谯周. 谯子法训［M］//马国翰，辑. 玉函山房辑佚书：第4册. 扬州：广陵书社，2004：2595.
③ 何晏，注. 邢昺，疏. 论语注疏［M］//阮元，校刻. 十三经注疏：下册. 北京：中华书局，1980：2478.
④ 何晏，注. 邢昺，疏. 论语注疏［M］//阮元，校刻. 十三经注疏：下册. 北京：中华书局，1980：2478.
⑤ 何晏，注. 邢昺，疏. 论语注疏［M］//阮元，校刻. 十三经注疏：下册. 北京：中华书局，1980：2478.
⑥ 杨国荣. 伦理与存在：道德哲学研究［M］. 桂林：广西师范大学出版社，2015：231.
⑦ 朱熹. 四书章句集注［M］. 北京：中华书局，1983：87.

区分。一般人之乐产生于物质欲望的满足，君子之乐则是亲人、朋友不因自己的穷困而离去，但更为根本是以"圣人之道"为乐。从《论语》的记载来看，颜回"其心三月不违仁"①。朱熹《论语集注》引程子曰："三月，天道小变之节，言其久也，过此则圣人矣。"② 可见，颜回所乐的"圣人之道"就是长久不变地恪守的仁道。颜回以仁道为乐说明，仁已不再是外在的强制，而成为内心的自愿、自觉，生活中无时无刻不在行"仁"，所言所为皆是"仁"的体现。这就是孔子所谓的"从心所欲不逾矩"（《论语·为政》)③。从这个意义上说，君子之乐不是功利欲望满足之乐而是自得之乐，是随自我心性不断净化，自我境界不断提升而生成的愉悦之情。

质言之，谯周承续儒学，通过独特的角度强调道德修养的重要性，以"君子"为人生修为的最高目标，同时他以"乐"诠释君子，但君子之乐不是功利欲望满足之乐而是基于人生境界不断提升的自得之乐，这也呈现出君子境界的审美向度。

四、结语

梁启超曾说，三国六朝"实道家言独占之时代"而"儒学最销沉之时代"④，其中，"玄理派"为道家之正派⑤。此"玄理派"指的是

---

① 何晏，注. 邢昺，疏. 论语注疏 [M] //阮元，校刻. 十三经注疏：下册. 北京：中华书局，1980：2478.
② 朱熹. 四书章句集注 [M]. 北京：中华书局，1983：87.
③ 何晏，注. 邢昺，疏. 论语注疏 [M] //阮元，校刻. 十三经注疏：下册. 北京：中华书局，1980：2461.
④ 梁启超. 论中国学术思想变迁之大势 [M]. 上海：上海古籍出版社，2019：92 - 93.
⑤ 梁启超. 论中国学术思想变迁之大势 [M]. 上海：上海古籍出版社，2019：87 - 88.

玄学。因此，我们可以认为，中国思想史在经历先秦子学、两汉经学后，进入了魏晋玄学阶段。魏晋美学不能不受到这股玄风的影响。在艺术审美方面，"气韵生动"①、"以形写神"②、"得意而忘象"③ 等对"气韵""神""意"的强调，无不体现出人的内在精神地位的提升；在人生境界方面，对"越名教而任自然"④、"放浪形骸之外"⑤ 的称颂彰显出对冲破束缚、走向自由的渴望，对自我生命的确证。无论是艺术还是人生，魏晋美学都具有超越有限而追求无限，冲破束缚而进入自由的特质。但谯周的美学思想却无"玄风"的印迹。他一方面倡导对审美享受应该有所节制，尤其在功业未完成时，更不应进行审美享乐活动；另一方面，他又对汉末魏晋流行的以"挽歌"为乐的现象进行批判，认为应该像古人那样"遏密八音"。此外，他推崇的"君子"人格虽具有"乐"的特性，揭示出"君子"境界的审美向度，但"君子"人格仍具有浓厚的道德内涵。从这三方面看，谯周恪守儒家之道，传承儒家美学观念，呈现出与中原完全不同甚至相悖的美学追求。这正是巴蜀文化与美学精神的特点。蒙文通先生曾说："求之风俗之故，先后或殊，而蜀之为蜀，自汉以下地志所记，又有其不变者，则山川所围者然欤！"⑥ 巴蜀四周被高山、高原所围，又偏居西南，故中原文化难以及时传入。自西汉"文翁化蜀"⑦ 后，中原文化涌入巴蜀，儒学才开始逐渐推广，改变了原来的重视巫鬼祭祀的蛮夷之风⑧。

---

① 谢赫. 古画品录［M］//卢辅圣. 中国书画全书：第1册. 上海：上海书画出版社，1993：1.
② 张彦远. 历代名画记［M］. 北京：中华书局，1985：189.
③ 王弼. 王弼集校释：下册［M］. 楼宇烈，校释. 北京：中华书局，1980：609.
④ 嵇康. 嵇康集校注［M］. 戴明扬，校注. 北京：人民文学出版社，1962：234.
⑤ 房玄龄，等. 晋书：第7册［M］. 北京：中华书局，1974：2099.
⑥ 蒙文通. 古族甄微［M］//蒙文通全集：第4册. 成都：巴蜀书社，2015：173.
⑦ 班固. 汉书：第11册［M］. 北京：中华书局，1962：3625-3627.
⑧ 罗开玉. 四川通史：卷2·秦汉三国［M］. 成都：四川人民出版社，2010：492.

但当中原思想文化发生新变时，巴蜀由于"山川所围"，其思想文化便无法紧跟"时尚"而发生变化。这就是巴蜀思想文化之"变"中的"不变"，并逐渐形成巴蜀自己的思想文化特色。在玄风流行之时，谯周在蜀中继续宣扬儒家美学正是体现出巴蜀文化与美学精神的特质——"变"中的"不变"。

第二章

隋唐五代时期的巴蜀美学

第一节　何妥的音乐美学思想

何妥，字栖凤，西城（今陕西安康）人，一说为西域人①，一生经历梁、北周和隋。据《隋书·儒林列传》记载，"（何妥）父细胡，通商入蜀，遂家郫县"②。郫县就是今四川省成都市郫都区。何妥少时机敏，八岁求学于国子学，十七岁侍奉湘东王；入周后，任国子博士；入隋后，任国子祭酒。他是当时较为著名的经学家，并擅长音乐，著有《周易讲疏》十三卷、《孝经遗书》三卷、《庄子义疏》四卷、《乐要》一卷等③。但遗憾的是，这些著作均已亡佚。不过，在《北史》《隋书》中保留了何妥论音乐的内容，其中蕴含着他的音乐美学思想。

何妥的音乐美学思想是通过对礼乐的论述体现出来的，他多引用《礼记·乐记》《史记·乐书》和孔子之言来表达自己的观点，"纯为

---

① 曹道衡，沈玉成. 中古文学史料丛考 [M]. 北京：中华书局，2003：778－780.
② 魏征，令狐德棻. 隋书：第6册 [M]. 北京：中华书局，1973：1709.
③ 魏征，令狐德棻. 隋书：第6册 [M]. 北京：中华书局，1973：1715.

儒家之说"①。何妥曰：

> 明则有礼乐，幽则有鬼神。然则动天地，感鬼神，莫近
> 于礼乐。又云：乐至则无怨，礼至则不争。揖让而临天下者，
> 礼乐之谓也。（《北史·儒林下·何妥传》）②

一方面，音乐具有撼动天地、感动鬼神的作用，所以音乐是祭祀不可缺少的部分；另一方面，音乐又具有教化的功能，故郑玄《乐记注》曰："教人者。"③ 简言之，音乐具有道德教化、和谐社会的功用。当然，并不是所有的音乐都具有这样的功用，只有音乐中的雅音正声才能发挥这样的功用。所以，何妥将音乐分为"正声"和"奸声"两种④，并且引用子夏之言来加以说明："夫古乐者，始奏以文，复乱以武。修身及家，平均天下。郑卫之音者，奸声以乱，溺而不止，獶杂子女，不知父子。"（《北史·儒林下·何妥传》）⑤ "古乐"就是何妥所谓的"正声"，"郑卫之音"即"奸声"。"古乐"以鼓开始演奏，以钟来结束演奏，整齐划一，和平中正，具有修身养性、和睦家庭和治理天下的功能。"奸声"的表演则男女混杂，毫无父子间的尊卑之序，让人沉溺其中，无法自拔。何妥又曰：

> 夫奸声感人而逆气应之，正声感人而顺气应之。顺气成

---

① 黄开国，邓星盈. 巴山蜀水圣哲魂：巴蜀哲学史稿［M］. 成都：四川人民出版社，2001：101.

② 李延寿. 北史：第9册［M］. 北京：中华书局，1974：2756.

③ 郑玄，注. 孔颖达，疏. 礼记正义［M］//阮元，校刻. 十三经注疏：下册. 北京：中华书局，1980：1530.

④ 李延寿. 北史：第9册［M］. 北京：中华书局，1974：2756.

⑤ 李延寿. 北史：第9册［M］. 北京：中华书局，1974：2756.

象，故乐行而伦清，耳目聪明，血气和平，移风易俗，天下皆宁。孔子曰："放郑声，远佞人。"故郑、卫、宋、赵之声出，内则发疾，外则伤人。（《北史·儒林下·何妥传》）①

"郑、卫、宋、赵之声"就是"奸声"。"内则发疾"说明，"奸声"会引起欣赏者内心的无穷欲望和过分的情感，从而影响人的健康。"外则伤人"说明，"奸声"在引起欣赏者内心的无穷欲望和过分的情感之后，会导致人与人之间的争斗，从而威胁社会、国家的和谐安定。只有和平中正的"正声"才能发挥让人内心保持健康，让社会、国家和谐安定的作用。基于此，何妥总结道："圣人之作乐也，非止苟悦耳目而已矣。"（《北史·儒林下·何妥传》）② 即音乐创作的目的并非单纯为了娱乐，而是在娱乐的同时发挥道德教化、移风易俗的作用。

另外，何妥还提出"知乐则几于道"（《北史·儒林下·何妥传》）③ 的命题。此"道"不是老庄所谓的宇宙万物的本体和生命，而是指人伦社会之道。为什么知晓音乐就等于知晓人伦社会之道呢？在何妥看来，"知乐"应该指的是知晓音乐之道，而音乐之道就是"圣人之作乐也，非止苟悦耳目而已矣"，即音乐的创作并不是单纯为了娱乐而是为了在娱乐之中实现修身、齐家、治国、平天下的作用。当统治者明白了音乐的这一道理，就等于明白了治理人伦社会之道，故何妥曰："知乐则几于道。"

---

① 李延寿. 北史：第 9 册 [M]. 北京：中华书局，1974：2756.
② 李延寿. 北史：第 9 册 [M]. 北京：中华书局，1974：2756.
③ 李延寿. 北史：第 9 册 [M]. 北京：中华书局，1974：2757.

第二节　李荣的道教美学思想

在道教思想史上，魏晋时期出现了重玄学的新学派。这一学派以"重玄之道"注解《老子》，并形成一种独特的重玄思维方法。如卢国龙所言："重玄学者以'不滞'为超越的旨归，以'双遣'泯除理想与现实的冲突。"① 道教重玄学虽起于魏晋，但真正兴旺起来却是在隋及唐初，在隋唐道教思想史中占据重要地位，但"从重玄派的学术地域看，学者大多在南方，初唐以后巴蜀（今四川）一带较为集中"，"初唐以后直到唐末杜光庭，蜀中为重玄派之重镇"②。其中，活动于唐高宗时期的绵州巴西（今四川绵阳）人李荣是重要代表，他对道教重玄学进行了继承与拓展，同时，他的美学思想也渗透着重玄之思。

一、"道者，虚极之理也"

道教与道家一样，以"道"为哲学的最高范畴，它是宇宙万物的本体及生命。李荣也这样认为，他说："天地从道生""物从道生"（《道德真经注下》）③。所以，"道为物本"（《道德真经注下》）④。但李荣在此基础上，又加以了创新。他说：

---

① 卢国龙. 中国重玄学：理想与现实的殊途与同归 [M]. 北京：人民中国出版社，1993：5.
② 卿希泰，詹石窗. 中国道教思想史：第 2 卷 [M]. 北京：人民出版社，2009：8.
③ 蒙文通. 辑校李荣《道德经注》[M] //蒙文通全集：第 5 册. 成都：巴蜀书社，2015：273，281.
④ 蒙文通. 辑校李荣《道德经注》[M] //蒙文通全集：第 5 册. 成都：巴蜀书社，2015：281.

道者，虚极之理也。夫论虚极之理，不可以有无分其象，不可以上下格其真，是则玄玄非前识之所识，至至岂俗知而得知，所谓妙矣难思、深不可识也。圣人欲坦兹玄路，开以教门，借圆通之名，目虚极之理，以理可名，称之可道，故曰吾不知其名，字之曰道。（《道德真经注上》）①

李荣以"虚极之理"解释"道"，说明"道"虚空到了极致，所以不能用有无、上下对"道"进行分析。这就决定"道"具有"非有非无"（《道德真经注上》）② 的特点。同时，对生死而言，"道"也是无生无死的。李荣曰："然物则有生有死，人则有存有亡者，皆为天也。道则不生而能示生，虽生而不存；不死而能示死，虽死而不亡。不存不亡，故云寿也。但存亡既泯，寿夭亦遣。"（《道德真经注上》）③ 生死是对人和物而言的，"道"化生万物后，万物方才有生死可言。"道"本身是超越的永恒存在，它超越生死，故无生无死、不存不亡。

道教以"道"为最高信仰，相信人们通过一定的修炼可以长生不死、羽化成仙。司马承祯所谓的"人怀道，形骸以致永固"（《坐忘论·得道七》）④ 正是对这一思想的精当概括。李荣却认为："不存不

---

① 蒙文通. 辑校李荣《道德经注》［M］//蒙文通全集：第5册. 成都：巴蜀书社，2015：240.
② 蒙文通. 辑校李荣《道德经注》［M］//蒙文通全集：第5册. 成都：巴蜀书社，2015：259.
③ 蒙文通. 辑校李荣《道德经注》［M］//蒙文通全集：第5册. 成都：巴蜀书社，2015：266－267.
④ 司马承祯. 坐忘论［M］//道藏：第22册. 北京：文物出版社，上海：上海书店，天津：天津古籍出版社，1988：897.

亡，故云寿也。"（《道德真经注上》）① 可见，"寿"不是肉体长久永固，而是如"道"一样超越生死的"不存不亡"。这其实是一种超越肉体生死存亡的精神境界。在这种境界中，生死、存亡、有无、上下等分别都被超越了，人的精神无拘无束、逍遥自然，从而实现真正的自由。审美正是人的自由存在状态，所以得"道"，获得"虚极之理"，进入"重玄之境"（《道德真经注上》)②，就是进入一种自由的审美境界。

二、"存道则忘俗"

在重玄思维指导下，李荣将"道"的特质设定为非有非无、无生无死，等等。质言之，"道"就是浑然为一、了无分别的浑全。得"道"之人就进入了这种无分别的浑全之境，但世间的俗人却始终持有分别的态度。当世间万物被分别的态度所观照时，就会呈现出高低贵贱、善恶美丑、生死祸福等差别，好美恶丑、求善去恶、尊贵卑贱之念遂在心中出现，这就是人的欲望。围绕这些欲望，人与人之间就会相互斗争，使社会、国家出现纷乱。因此，李荣倡导人们应该"存道忘俗"而不应"存俗忘道"。③

"俗"就是与得道者相对的世俗之人及其分别的态度。在俗人看来，世间万物是有分别的，如高下、美丑、前后、生死、长短，等等。正是由于存在分别，所以世俗之人才会有种种欲望追求。这种欲望追求对个人而言，扰乱自己的心志；对国家而言，则会引起纷争。李

---

① 蒙文通. 辑校李荣《道德经注》[M]//蒙文通全集：第5册. 成都：巴蜀书社，2015：266－267.

② 蒙文通. 辑校李荣《道德经注》[M]//蒙文通全集：第5册. 成都：巴蜀书社，2015：254.

③ 蒙文通. 辑校李荣《道德经注》[M]//蒙文通全集：第5册. 成都：巴蜀书社，2015：273.

荣曰：

> 道非偏物，用必在中，天道恶盈，满必招损，故曰不盈。
> 盈必有亏，无必有有，中和之道，不盈不亏，非有非无。有
> 无既非，盈亏亦非，借彼中道之药，以破两边之病。病除药
> 遣，偏去中忘，都无所有，此亦不盈之义。（《道德真经注
> 上》）①

"道"就是治愈俗人、俗见的良药，因为它超越盈与亏、有与无，作为一种人生态度，它"破两边之病"，不偏执于事物的任何一边，不过分也无不及，恰到好处。"道"也因此被称为中道或中和之道。当人"存道"而"忘俗"后，不仅破除了分别的见解，世间万物了无分别、浑然一体，还让自己的一切欲望追求都荡然无存，物之真性与我之真性都自然呈现。这就是一种"重玄之境"。

三、"美，乐也"

在老庄哲学中，美丑善恶是相互依存的，所谓"天下皆知美之为美，斯恶已；皆知善之为善，斯不善已"（《老子》第二章）② 说明，正是由于世间存在美、善，才会有丑、恶，否则美、善毫无存在的意义。但是"美"是什么，老子并未做直接论述。

李荣在注解《老子》时，对"美"进行了分析，他说："美，乐

---

① 蒙文通. 辑校李荣《道德经注》［M］//蒙文通全集：第5册. 成都：巴蜀书社，2015：244.
② 王弼，注. 老子道德经注校释［M］. 楼宇烈，校释. 北京：中华书局，2008：6.

也。"（《道德真经注上》）①"美"就是快乐。申言之，凡是让人快乐的事物就是"美"。李荣又曰："称心为美，乖意为恶。"（《道德真经注上》）②"称心"就是合自己的心意，"乖意"则与自己的心意相背。前者给人以快乐愉悦，后者让人忧愁不满。这进一步说明，"美"就是一种快乐，否则就为丑。那么，那些精美的食物和华丽的衣服美不美呢？李荣认为，这要看它们是否能引起人的快乐，如：

> 物情不悦，食玉衣锦，不以为美。人心既适，饭蔬被褐，
> 足可为甘。（《道德真经注下》）③

在李荣看来，如果不能使人心愉悦，那么即使是玉食锦衣都不会成为"美"；如果能够使人心适意，就算是粗茶淡饭也十分可口，粗布衣服也十分美丽。可见，"美"不在物，而在物所引起的快乐情感。

对一般人而言，心中之"乐"是由外物满足自己的欲望而产生的。这种"乐"显然与"道"相背，所以李荣曰：

> 美，乐也。言人之禀性，咸不能以道为娱，而以欲为乐。
> 乐不可极，乐极则哀来；欲不可纵，纵欲则伤性；故曰人皆
> 以色声滋味为上乐，不知色声滋味祸之大朴。既为祸朴，复
> 为哀本，灭性伤身，斯恶已。（《道德真经注上》）④

---

① 蒙文通. 辑校李荣《道德经注》［M］//蒙文通全集：第5册. 成都：巴蜀书社，2015：241.
② 蒙文通. 辑校李荣《道德经注》［M］//蒙文通全集：第5册. 成都：巴蜀书社，2015：256.
③ 蒙文通. 辑校李荣《道德经注》［M］//蒙文通全集：第5册. 成都：巴蜀书社，2015：301.
④ 蒙文通. 辑校李荣《道德经注》［M］//蒙文通全集：第5册. 成都：巴蜀书社，2015：241.

"美"虽然是一种快乐，但多数人是以"欲"为乐。而这种外物满足自己欲望所引起的快乐常常不受控制，容易过分，达到极致。"乐"达到极致就会导致哀伤，同时自己的欲望又会进一步增强，从而伤害自己的生命。所以，"欲"以及满足欲望的"色声滋味"并不是"上乐"，也不是真正的"美"，而是"祸朴"，即众祸之门。它伤害人的身体，毁灭人的生命，给人带来的是痛苦，表面上看来是"美"，其实是"恶"，即丑。正是由于此，李荣倡导人们"以道为娱"，即以"道"为乐。李荣曰：

> 今陶圣化，过大钧。人无贵贱，所食者皆甘也；服无好恶，所衣者皆美也；家无贫富，所居者皆安也；乡无丰俭，所住者皆乐也。（《道德真经注下》）①

"陶圣化，过大钧"比喻受到"道"的陶冶而获得大道。当人得"道"以后，心中不会产生贵贱、美丑、贫富、丰俭的分别见，因此，得道之人所吃的食物，所穿的衣服，所住的房屋，所生活的地方，都是至美、至乐之物。从这个意义上说，李荣倡导的以"道"为娱、以"道"为乐，其实是让人以"道"的心胸观照万物，在无美无丑、无垢无净的境界中，自然无为、自由逍遥地生活。而此时，宇宙万物都会呈现出"美"，此"美"给人带来的是真正的快乐。由此可见，得道就可获得至美、至乐，得道之人就是至美、至乐之人。

---

① 蒙文通. 辑校李荣《道德经注》［M］//蒙文通全集：第5册. 成都：巴蜀书社，2015：301.

第三节 蜀僧宗密与巴蜀美学之融通精神

唐代的巴蜀虽有战争，但持续时间较短，巴蜀地区较之中原基本保持着长期的安定，为当地生产的发展提供了保障，也成为当时许多人的避乱之地。诸如王勃、卢照邻、岑参、杜甫、白居易、李商隐等大批文人学士在这一时期来到蜀中，在蜀中进行文艺创作，促进了唐代巴蜀文化、文艺的繁荣与发展。所以，唐代巴蜀被视为巴蜀历史上的第三个高峰①。除得力于外来的文人学士外，唐代巴蜀文化、文艺的繁荣与发展还基于本土学者的努力，果州西充县（今四川西充县）人宗密（780—841）正是其中之一。他兼采儒道、融通禅教的佛学思想，不仅推动了中国佛学的发展，还对宋代理学产生启示作用；同时，他的佛学思想中的美学元素深刻而圆融，成为唐代巴蜀美学的重要组成部分，彰显出巴蜀美学的融通精神。

一、"万法皆是一心"

在佛教创立之初，宇宙万法被视作因缘和合之物，故曰："一切诸行皆悉无常""一切诸行无我"（《增一阿含经·四意断品》）②。随着佛学由小乘发展到大乘，由印度传播到中国，佛教对宇宙万法的看法得到丰富与发展。其中，以"心"为万法之源的思想则是佛教本体

---

① 段渝. 四川简史 [M]. 成都：四川人民出版社，2019：3 - 4.
② 增一阿含经 [M]. 瞿昙僧伽提婆，译//大正新修大藏经：第2卷. 台北：财团法人佛陀教育基金会出版部，1990：639.

论得以丰富与发展的重要路径之一，即在宇宙万法皆"空"的基础上，承认真实永恒之"心"的存在，宇宙万法都由"心"所变现，如《大乘起信论》曰："是故三界虚伪，唯心所作，离心则无六尘境界。……心生则种种法生，心灭则种种法灭。"①

"心"是真实的存在，是万法之源。这种"心"本体思想对中国佛学产生了巨大影响，如法藏曰："三界所有法，唯是一心造，心外更无一法可得，故曰归心。"（《修华严奥旨妄尽还源观》）② 慧能也认为："万法尽在自心。"（《坛经·般若品》）③ 宗密对本体论十分感兴趣，他曾说："万灵蠢蠢，皆有其本。万物芸芸，各归其根。未有无根本而有枝末者也。况三才中之最灵而无本源乎？且'知人者智，自知者明'。今我禀得人身而不自知所从来，曷能知他世所趣乎？曷能知天下古今之人事乎？"（《华严原人论序》）④ 宇宙万法（包括人）都有根本，如果不知其根本，就不能通晓古往今来的种种人和事。基于此，宗密对宇宙万法的本体、本质进行了追问，当然他的追问是在大乘佛学的"心"本体影响下进行的。宗密一方面肯定现象界"一切皆虚妄，本来空寂"（《华严原人论·直显真源》）⑤ 的特性，另一方面又提出"心"才是真实永恒的存在，即"一切皆空，唯心不变"

① 马鸣. 大乘起信论［M］. 真谛，译//大正新修大藏经：第32卷. 台北：财团法人佛陀教育基金会出版部，1990：577.

② 法藏. 修华严奥旨妄尽还源观［M］//大正新修大藏经：第45卷. 台北：财团法人佛陀教育基金会出版部，1990：640.

③ 宗宝. 六祖大师法宝坛经［M］//大正新修大藏经：第48卷. 台北：财团法人佛陀教育基金会出版部，1990：351.

④ 宗密. 原人论［M］//大正新修大藏经：第45卷. 台北：财团法人佛陀教育基金会出版部，1990：707.

⑤ 宗密. 原人论［M］//大正新修大藏经：第45卷. 台北：财团法人佛陀教育基金会出版部，1990：710.

（《中华传心地禅门师资承袭图》）①。所以，宗密也认为："万法皆是一心。"（《中华传心地禅门师资承袭图》）② 可以说，"心"是宗密佛学思想的本体范畴，是真实永恒的存在。另外，宗密进一步说：

> 心识所变之境，乃成二分：一分即与心识和合成人；一分不与心识和合，即成天地、山河、国邑。（《华严原人论·会通本末》）③

这就使"心"不仅是宇宙万法的本体，还是宇宙万法的本源。作为本体、本源的"心"是宗密佛学思想中的最高范畴，同时也是宗密美学思想的哲学始基。

"心"是宇宙万法的本体，是万物的生命本源，是永恒的真实存在，所以"心"也被宗密称为"本觉真心""一真心体""一真灵性""真性"，等等。同时，他还对四种"心"进行了辨析。他说，"心"分为四种："肉团心""缘虑心""集起心"和"真实心"或"真心""坚实心"（《禅源诸诠集都序》卷上之一）④。"肉团心"就是生理学意义上的心脏，"缘虑心"就是人的思维和心理活动的主宰。那"集起心"是什么呢？宗密曰："三、质多耶。此云集起心，唯第八识，

---

① 裴休，问. 宗密，答. 中华传心地禅门师资承袭图［M］//卍续藏经：第110册. 台北：新文丰出版股份有限公司，1994：873.
② 裴休，问. 宗密，答. 中华传心地禅门师资承袭图［M］//卍续藏经：第110册. 台北：新文丰出版股份有限公司，1994：814.
③ 宗密. 原人论［M］//大正新修大藏经：第45卷. 台北：财团法人佛陀教育基金会出版部，1990：710.
④ 宗密. 禅源诸诠集都序［M］//大正新修大藏经：第48卷. 台北：财团法人佛陀教育基金会出版部，1990：401.

积集种子，生起现行故。"（《禅源诸诠集都序》卷上之一）① 冉云华
先生认为："宗密'集起心'这一概念，主要是根据唯识一派的佛教
哲学。"② 人的思想和行为都由"心"所决定，并在思想和行为中形
成"识"。这些"识"被收藏、聚集在阿赖耶识之中而成为"种子"，
这就是"集"。此外，阿赖耶识又可放出"种子"变现为现象世界，
即宗密所谓的"生起现行"。这就是"集起心"的含义。但由于"种
子"出自不同的经验，有染净、共殊等差异③，所以它并不是真实之
心。而宗密认为的真实之心是第四种"心"，即"真实性""真心"
"坚实心"。它是宇宙万法的本体之心、本源之心和真实永恒之心。但
值得注意的是，宗密认为："四种心，本同一体。"（《禅源诸诠集都
序》卷上之一）④ 四"心"不是四种不同的心，而是一心之四面。宗
密又曰："然虽同体，真妄义别，本末亦殊。前三是相，后一是性。"
（《禅源诸诠集都序》卷上之一）⑤ 由此可见，四心虽是一心之四面，
但它们却有本末、真妄、染净之别。前三种心是妄心，第四种心是真
心；前三种心是末、相，第四种心是本、性。真心受到遮蔽就为妄心，
妄心去除遮蔽就为真心，这就是"本同一体"。

　　"心"是宇宙万法的本体、本源，是最真实的永恒存在，但"心"
并不脱离万法而寓于万法之中，如"诸法，是全一心之诸法；一心，
是全诸法之一心。性相圆融，一多自在"（《禅源诸诠集都序》卷下之

---

① 宗密. 禅源诸诠集都序［M］//大正新修大藏经：第48卷. 台北：财团法人佛陀教
育基金会出版部，1990：401.
② 冉云华. 宗密［M］. 台北：东大图书股份有限公司，1988：148.
③ 冉云华. 宗密［M］. 台北：东大图书股份有限公司，1988：148.
④ 宗密. 禅源诸诠集都序［M］//大正新修大藏经：第48卷. 台北：财团法人佛陀教
育基金会出版部，1990：402.
⑤ 宗密. 禅源诸诠集都序［M］//大正新修大藏经：第48卷. 台北：财团法人佛陀教
育基金会出版部，1990：402.

一)①;"一真心体,随缘流出,展转遍一切处,遍一切众生身心之中"(《禅源诸诠集都序》卷下之一)②。所以,"心"与宇宙万法是一个世界而非两个世界,本体之"心"融摄本末、性相、真妄等。易言之,本末、性相、真妄等分别在本体之"心"中得以消解,了无挂碍,所以宗密曰:"一真灵性,不生不灭,不增不减,不变不易。"(《华严原人论·会通本末》)③ 即真心就是无分别之心。那么,证得"真心"就超越了分别,不落两边,洞彻宇宙万法的本相,对宇宙万法作如是观,无欲无求,清净自在。宗密曰:

> 故须行依佛行,心契佛心,返本还源,断除凡习,损之又损,以至无为自然。应用恒沙,名之曰佛,当知迷悟同一真心。大哉妙门!原人至此。 (《华严原人论·直显真源》)④

可见,作为本体、本源的永恒真实之"心"又是一种佛的境界,证得本心即洞彻本相,同时自我得以提升,进入了无空无色、无妄无真、不生不灭、不住不变的无分别、无烦恼的清净之境。可以说,宗密提出的"心"既是本体论又是人生境界论,"心"境即至真、至善、至美的佛境。

---

① 宗密. 禅源诸诠集都序 [M] //大正新修大藏经:第48卷. 台北:财团法人佛陀教育基金会出版部,1990:407.
② 宗密. 禅源诸诠集都序 [M] //大正新修大藏经:第48卷. 台北:财团法人佛陀教育基金会出版部,1990:408.
③ 宗密. 原人论 [M] //大正新修大藏经:第45卷. 台北:财团法人佛陀教育基金会出版部,1990:710.
④ 宗密. 原人论 [M] //大正新修大藏经:第45卷. 台北:财团法人佛陀教育基金会出版部,1990:710.

二、"丧己忘情""莫执好丑"

在佛教看来，宇宙万法都是因缘和合之物，本无自性，虚幻不实，故《金刚经》曰："一切有为法，如梦幻泡影。如露亦如电，应作如是观。"① 但凡俗之人却因"无明"对宇宙万法持不正确的态度，认为它们实有，并怀分别见，"执"便由此产生。而"执"于万法就会激起人的贪、嗔、痴。当顺境与人遭遇就产生"贪"，否则就"嗔"，苦乐之情也随之出现。由此可见，人的情感产生于"无明"，即不明白缘起论而认为万法实有的愚痴无知②，"情"就代表人对宇宙万法的分别、欲望与迷妄。关于这一点，宗密在评判"小乘教"时已经指出来了③。简言之，情产生于"无明"及其引起的分别、欲望与迷妄，人之情就是分别、欲望与迷妄的代表。这正如宋代禅僧明本所言："'情'何物也？执而不化之见妄也。未有情而不执者，未有执而非情者。情之所以执，盖出于迷妄也。"（《天目中峰和尚广录·东语西话下》）④ 想要证得真心、成就佛果，就必须"忘情"，故宗密提出"以忘情为修"（《中华传心地禅门师资承袭图》）⑤ 的工夫论。

"情"因分别、欲望和迷妄而起，那么，"忘情"就是荡去分别计较，对宇宙万法的生灭有无、高低贵贱、善恶美丑等作如是观。宗密曰："以识属分别，分别即非真知""既不计有无，即自性无分别之

---

① 金刚般若波罗蜜经［M］．鸠摩罗什，译//大正新修大藏经：第8卷．台北：财团法人佛陀教育基金会出版部，1990：752．

② 方立天．佛教哲学［M］．北京：中国人民大学出版社，1986：67．

③ 宗密．原人论［M］//大正新修大藏经：第45卷．台北：财团法人佛陀教育基金会出版部，1990：709．

④ 中峰明，本撰．慈寂，编．天目中峰和尚广录［M］．明洪武二十年（1387）刻本．

⑤ 裴休，问．宗密，答．中华传心地禅门师资承袭图［M］//卍续藏经：第110册．台北：新文丰出版股份有限公司，1994：871．

知"(《禅源诸诠集都序》卷上之二)①。所以，"忘情"就是忘却分别，忘却分别则显现本心、证得真性，即"执情破而真性显"(《禅源诸诠集都序》卷下之一)②。而本心、真性的显现就是成佛，因为"心本是佛"(《大方广圆觉经大疏本序》)③。可以说，宗密提出的以"忘情"为修是一种消除迷妄分别，证真成佛的功夫。也正由于此，在"忘情"以后，人对宇宙万法可"全拣全收"，即"以一真心性，对染净诸法，全拣全收"(《禅源诸诠集都序》卷上之二)④。无论染净、性相、生灭、佛众生皆是一心，忘却情欲、证得真心则识得本相，融摄万法，平等一如。人在"忘情"之中，就能达到"非性非相，非佛非众生""无所不现""事事皆入"(《禅源诸诠集都序》卷上之二)⑤的境界。

超越分别计较、欲望迷妄在于"忘情"，"忘情"就可证得真心、成就佛果。但所忘之"情"指的是世俗之情，即因欲望、分别、迷妄而起的情感。忘却这些世俗之情的目的是为了证得本心、成就佛果。宗密曰：

迷之为有，即见荣枯贵贱等事。事迹既有相违相顺，故生爱恶等情，情生则诸苦所系。……既达本来无事，理宜丧

---

① 宗密. 禅源诸诠集都序［M］//大正新修大藏经：第48卷. 台北：财团法人佛陀教育基金会出版部，1990：405.
② 宗密. 禅源诸诠集都序［M］//大正新修大藏经：第48卷. 台北：财团法人佛陀教育基金会出版部，1990：407.
③ 宗密. 圆觉经大疏［M］//卍续藏经：第14册. 台北：新文丰出版股份有限公司，1995：217.
④ 宗密. 禅源诸诠集都序［M］//大正新修大藏经：第48卷. 台北：财团法人佛陀教育基金会出版部，1990：405.
⑤ 宗密. 禅源诸诠集都序［M］//大正新修大藏经：第48卷. 台北：财团法人佛陀教育基金会出版部，1990：405.

已忘情。情妄即绝苦因,方度一切苦厄。此以忘情为修也。

评曰:前以念念全真为悟,任心为修;此以本无事为悟,妄

情为修。(《中华传心地禅门师资承袭图》)①

在宗密看来,"忘情"就是平等一如,荡去贪念欲望、分别计较,除尽一切苦处而获得无上之乐的工夫。佛教宗派林立,彼此理论旨趣有所差异,但他们都有一个共同的追求,那就是解脱。《大般涅槃经·如来性品第四之二》曰:"夫涅槃者,名为解脱。"②《大般涅槃经·如来性品第四之一》曰:"灭诸烦恼,名为涅槃。"③ 忘情即证得真心,证真即成佛,成佛即涅槃,涅槃即解脱。由此而言,"忘情"就是消除一切烦恼的解脱、涅槃之境,这是佛教认为的"至善之乐境"④。当然,此"乐"并非因分别而起,因欲望满足而获得的世俗之乐,而是超越分别、欲望,甚至有无、生灭的永恒之乐、无上之乐。宗密在注解"安乐"时所说的"寂灭为乐"(《中华传心地禅门师资承袭图》)⑤ 正是这种涅槃之"乐"。宗密又曰:"究竟涅槃,常乐我净。"(《禅源诸诠集都序》卷下之一)⑥ 这进一步说明,"忘情"而证真成佛之"乐"是一种真实无妄、永恒至上之乐。

在宗密看来,真心就是无分别之心,佛就是无分别之境,情起于

---

① 裴休,问. 宗密,答. 中华传心地禅门师资承袭图 [M]//卍续藏经:第110册. 台北:新文丰出版股份有限公司,1994:871.

② 大般涅槃经 [M]. 昙无谶,译//大正新修大藏经:第12卷. 台北:财团法人佛陀教育基金会出版部,1990:391.

③ 大般涅槃经 [M]. 昙无谶,译//大正新修大藏经:第12卷. 台北:财团法人佛陀教育基金会出版部,1990:387.

④ 周绍贤. 佛学概论 [M]. 台北:台湾商务印书馆,1987:49.

⑤ 裴休,问. 宗密,答. 中华传心地禅门师资承袭图 [M]//卍续藏经:第110册. 台北:新文丰出版股份有限公司,1994:875.

⑥ 宗密. 禅源诸诠集都序 [M]//大正新修大藏经:第48卷. 台北:财团法人佛陀教育基金会出版部,1990:408.

分别见，所以应以"忘情"为修。在"忘情"的修为下，人们对美丑的分别见也是不允许存在的，故宗密曰："镜像千差，莫执好丑。"（《禅源诸诠集都序》卷下之二）① 宗密对美丑的态度与他的世界观是一致的。因为宇宙万法虚幻不实，并非实有，那么，宇宙万法呈现出的美丑同样虚幻不实。另外，美丑起于人的分别见，宗密曰："妍媸各别，如俗谛。"（《禅源诸诠集都序》卷下之一）② 宇宙万法存在美丑之别是世俗之见所造成的，如果想要由凡入圣，由分别入一如，就应"心无所著"（《禅源诸诠集都序》卷上之一）③，明白"三十二相都是空花，三十七品皆为梦幻"（《禅源诸诠集都序》卷上之一）④ 的道理。"三十二相"指佛陀具有的形相美，是现实中人的形象美的集合，比较接近古代印度中上层贵族的富态、健美的理想形象⑤。"三十七品"指证得涅槃的修为方法。"空花"即空华，指虚幻不实的美。可见，在宗密的美学思想中，佛陀显现出的各种形象之美都是虚幻不实的。这颇有禅宗"佛向性中作，莫向身外求"（《坛经·疑问品》）⑥ 消解权威的意味。所以，宗密倡导人们不要持分别见，不要执着于现象界中的美丑，而应超越现象界中的美丑，明白"空不生华""金无重矿"（《大方广圆觉经大疏本序》）⑦ 的道理。因为本心之境或佛境

---

① 宗密. 禅源诸诠集都序 [M] //大正新修大藏经：第48卷. 台北：财团法人佛陀教育基金会出版部，1990：410.

② 宗密. 禅源诸诠集都序 [M] //大正新修大藏经：第48卷. 台北：财团法人佛陀教育基金会出版部，1990：407.

③ 宗密. 禅源诸诠集都序 [M] //大正新修大藏经：第48卷. 台北：财团法人佛陀教育基金会出版部，1990：402.

④ 宗密. 禅源诸诠集都序 [M] //大正新修大藏经：第48卷. 台北：财团法人佛陀教育基金会出版部，1990：402.

⑤ 王海林. 佛教美学 [M]. 合肥：安徽文艺出版社，1992：120－121.

⑥ 宗宝. 六祖大师法宝坛经 [M] //大正新修大藏经：第48卷. 台北：财团法人佛陀教育基金会出版部，1990：356.

⑦ 宗密. 圆觉经大疏 [M] //卍续藏经：第14册. 台北：新文丰出版股份有限公司，1995：217.

本身是无美无丑、无垢无净的境界，是超越美丑的无分别之境。这就体现出宗密的佛教美学思想对现象界中的美丑持否定态度，而肯定本体界的无美无丑之美、无垢无净之净。

三、"执则字字疮疣，通则文文妙药"

据《五灯会元》记载，释迦牟尼在灵山会上"拈花示众"，只有弟子迦叶"破颜微笑"，于是释迦牟尼曰："吾有正法眼藏，涅槃妙心，实相无相，微妙法门，不立文字，教外别传，付嘱摩诃迦叶。"①后来，禅宗初祖达摩西来，传授"直指人心，见性成佛，不立文字语言"（《五灯会元·泐潭洪英禅师》）②的佛法，最终成为禅宗的宗风。"教外别传""不立文字"的提出基于"禅"本身具有的不可言说、不可思量、直觉体悟、当下圆成的特性。慧能曰："诸佛妙理，非关文字。"（《坛经·机缘品》）③宗杲曰："禅无文字，需要悟始得。"（《大慧普觉禅师语录·普说》）④所以，禅宗哲学被称为"静默的哲学"⑤，禅宗美学也就是一种"静默的美学"⑥。

宗密的佛教美学思想受到禅学之"静默"特性的影响，对语言文字同样持反对态度。他说："然禅门之旨，在乎内照，非笔可述，非言可宣"（《中华传心地禅门师资承袭图》）⑦；"大教深旨，出于系象

---

① 普济. 五灯会元：上册 [M]. 北京：中华书局，1984：10.

② 普济. 五灯会元：下册 [M]. 北京：中华书局，1984：1125.

③ 宗宝. 六祖大师法宝坛经 [M] //大正新修大藏经：第48卷. 台北：财团法人佛陀教育基金会出版部，1990：355.

④ 宗杲. 大慧普觉禅师语录 [M]. 潘桂明，释译. 北京：东方出版社，2018：123.

⑤ 冯友兰. 中国哲学简史 [M]. 涂又光，译. 北京：北京大学出版社，1985：295.

⑥ 皮朝纲，董运庭. 静默的美学 [M]. 成都：成都科技大学出版社，1991：368.

⑦ 裴休，问. 宗密，答. 中华传心地禅门师资承袭图 [M] //卍续藏经：第110册. 台北：新文丰出版股份有限公司，1994：870.

之外"(《圆觉经略疏钞》卷二)①。语言文字在禅理的解说、阐释方面是十分无力的。但不得不承认，禅门中人又深深地明白，禅虽不可说，但本心感受的表达、禅境的描绘以及禅法的交流等都需要依靠语言文字。所以，禅宗美学对语言文字其实是持中道的态度，即不立文字，又不离文字。② 由此而论，宗密乃至禅宗的"不立文字"观念其实是要求参禅者不执着于语言文字。宗密亲自编纂了一百三十卷的《禅藏》(《集禅源诸论开要》)，并说："禅源诸诠集者，写录诸家所述，诠表禅门根源道理、文字句偈，集为一藏，以贻后代，故都题此名也。"(《禅源诸诠集都序》卷上之一)③ 这体现出宗密对禅门各家对于禅理进行阐释、解说的重视，并且这些语言文字对后世也是有意义的。在对待禅、教方面，宗密持融通的态度，他说："教也者，诸佛菩萨所留经论也。禅也者，诸善知识所述句偈也。"(《禅源诸诠集都序》卷上之一)④ "教"是佛陀、菩萨创作的经论，"禅"是高僧大德讲述的话语，两者本质上都是语言文字。禅教融合表明，宗密并不否定语言文字。另外，宗密又曰：

经是佛语，禅是佛意，诸佛心口，必不相违。(《禅源诸诠集都序》卷上之一)⑤

---

① 宗密. 圆觉经略疏钞［M］//卍续藏经：第 15 册. 台北：新文丰出版股份有限公司，1995：216.
② 赖永海. 中国佛教通史：第 7 卷［M］. 南京：江苏人民出版社，2010：212.
③ 宗密. 禅源诸诠集都序［M］//大正新修大藏经：第 48 卷. 台北：财团法人佛陀教育基金会出版部，1990：399.
④ 宗密. 禅源诸诠集都序［M］//大正新修大藏经：第 48 卷. 台北：财团法人佛陀教育基金会出版部，1990：399.
⑤ 宗密. 禅源诸诠集都序［M］//大正新修大藏经：第 48 卷. 台北：财团法人佛陀教育基金会出版部，1990：400.

"经"是佛陀所说的话，"禅"是佛陀想要表达的思想。宗密一方面表达出佛陀的言语与思想具有一致性，"经"与"禅"是一而二、二而一的关系。这是为禅教合一寻找的依据。另一方面，他通过"佛语"与"佛意"的一致性，肯定语言文字在"以心传心"中的作用，因为"语"是"意"的表达，"意"是"语"的内容。所以，宗密曰："绳墨非巧，工巧者必以绳墨为凭。经论非禅，传禅者必以经论为准。"(《禅源诸诠集都序》卷上之一)① 参禅者应该以经论为准绳进行修为。由此可见，语言文字在宗密的美学思想中，并未完全受到否定与排斥，而是具有一定的存在价值。宗密倡导不立文字并非不要文字，而是不要执着于文字，即"无滞于文"(《中华传心地禅门师资承袭图》)②。

宗密对经论的肯定蕴含着对禅理进行阐释、言说的语言文字的肯定，所以参禅者不应离于语言文字，但也不应滞于语言文字。这种不离又不滞的态度就是"玄通"。宗密曰：

> 佛出世立教，与师随处度人，事体各别。佛教万代依凭，理须委示；师训在即时度脱，意使玄通，玄通必在忘言。故言下不留其迹，迹绝于意地，理现于心源。即信解修证，不为而自然成就；经律疏论，不习而自然冥通。(《禅源诸诠集都序》卷上之一)③

---

① 宗密. 禅源诸诠集都序［M］//大正新修大藏经：第48卷. 台北：财团法人佛陀教育基金会出版部，1990：400.

② 裴休，问. 宗密，答. 中华传心地禅门师资承袭图［M］//卍续藏经：第110册. 台北：新文丰出版股份有限公司，1994：870.

③ 宗密. 禅源诸诠集都序［M］//大正新修大藏经：第48卷. 台北：财团法人佛陀教育基金会出版部，1990：400.

  "玄通"是立足语言文字又超越语言文字的态度，故"玄通必在忘言"。"忘言"就不会受到语言文字的羁绊与束缚，从而实现"迹绝于意地，理现于心源""不习而自然冥通"，即超越语言文字而参悟到其中的真意妙理。宗密出生在一个家世业儒的家庭，"髫龀通儒书"，"唐元和二年将赴贡举"（《景德传灯录·曹溪别出第五世》）①。唐代的科举制度除要求参加者研习儒家五经外，还要研习道教经典，如《旧唐书·礼仪志》载，仪凤三年（678）五月，唐高宗下诏曰："自今已后，《道德经》并为上经，贡举人皆须兼通。"② 所以，宗密除研习释典外，对儒道经典也有所涉猎。这也使宗密运用儒道思想对"忘言"进行进一步阐释。《周易·系辞上》中有"书不尽言，言不尽意"③ 之说，表明语言无法完美表达思想，文字又无法完美记录语言。《庄子·外物》曰："荃者所以在鱼，得鱼而忘荃；蹄者所以在兔，得兔而忘蹄；言者所以在意，得意而忘言。"④ "荃"和"蹄"是捕捉鱼和兔的工具，而工具的价值不在其本身而体现在它所达到的效果，即捕捉到鱼和兔。当鱼、兔被捕捉到后，工具的价值就已实现，就应当被"忘"。在庄子美学中，"言"犹如"荃""蹄"是工具，它本身不具备价值，它的价值在于表达思想（"意"）。当"意"被表达清楚时，"言"的价值已实现，所以应当"忘言"。王弼兼采儒道，在《周易略例》中提出："忘象者，乃得意者也；忘言者，乃得象者也。得意在忘象，得象在忘言。"⑤ 他强化了"忘言"在"得象""得意"中的基础性和必要性。宗密则在王弼基础上说：

---

① 释道元. 景德传灯录 [M]. 成都：成都古籍书店，2000：247.
② 刘昫，等. 旧唐书：第 3 册 [M] 北京：中华书局，1975：918.
③ 王弼，韩康伯，注. 孔颖达，疏. 周易正义 [M] //阮元，校刻. 十三经注疏：上册. 北京：中华书局，1980：82.
④ 郭庆藩. 庄子集释：下册 [M]. 北京：中华书局，2004：944.
⑤ 王弼. 王弼集校释：下册 [M]. 楼宇烈，校释. 北京：中华书局，1980：609.

忘者，即《周易略例》中，将言显象，得象忘言，以象
显意，得意忘象，如以筌蹄取鱼兔等。复有其门者，不必事须
攀缘经论，自有默传心印之门也。(《圆觉经略疏钞》卷四)①

"将言显象""以象显意"说明语言文字是思想表达、传达的必要
媒介和工具，但语言文字如"筌""蹄"一样本身不具备意义和价值，
它的意义和价值在于表达和传达"象""意"的实现，故应"忘"。
"忘"就是运用语言文字但又不执着语言文字的功夫。宗密将"忘"
的功夫运用于佛教之中就为"不必攀缘经论"，即不执着于经论的语
言文字，而应通过对经论的研读而通晓其中蕴含的"默传心印"的道
理。研读经论的目的和价值在于获得其中的妙理而非经论文字本身。

因此，以"忘"的功夫对待语言文字就破除了"执"，破"执"
则"玄通"，"玄通"则佛经中的语言文字顿时鲜活灵动起来，不再是
羁绊、束缚人的障碍，而是通向禅理的门径，故宗密曰："执则字字
疮疣，通则文文妙药。"(《禅源诸诠集都序》卷下之一)②

四、结语

宗密以"心"为本，并在此基础上提出忘却情欲、莫执美丑，不
滞也不离于语言文字的佛教美学思想。宗密的佛教美学思想不仅渗透
着禅宗、华严宗、唯识宗的相关理论，还兼采儒道，对具体的美学、

---

① 宗密. 圆觉经略疏钞 [M] //卍续藏经：第15册. 台北：新文丰出版股份有限公司，
1995：260.

② 宗密. 禅源诸诠集都序 [M] //大正新修大藏经：第48卷. 台北：财团法人佛陀教
育基金会出版部，1990：407.

文艺问题进行阐释，具有一种融会贯通的特点。这一方面得力于宗密个人的学思历程，他从小学习儒学，后因参加科举，接触儒经、道书，同时又由禅入教，最终遁入空门；另一方面是由宗密生活的时代——尊道、礼佛、崇儒的唐代①所造就的。但正如福柯（Michel Foucault）所言，我们的思想"具有我们的时代和我们的地理的特征"②。所以，考察宗密佛教美学思想的特点，除应将其放入特定的时代文化背景中外，还应结合宗密所生活的地理环境——巴蜀。巴蜀以四川盆地为中心，四面环山，阻隔与外界的联系，但由于四川盆地优越的自然环境、丰富的自然资源，从而不断吸引着周围的人聚集于此，让巴蜀成为各种文化交流融合的平台。所以，巴蜀文化自古以来就不是封闭性的，而是开放性的，具有兼收并蓄的特点。③ 宗密出生在四川西充县（780），青少年时代在四川成都、遂宁等地求学，直到30岁（810）时才离开巴蜀。曾大兴认为，一个人一生接受地域文化的影响是丰富多彩的，有出生成长之地的地域文化（"本籍文化"）影响，也有迁徙流动之地的地域文化（"客籍文化"）影响，而"本籍文化"是一个人的"文化母体"，对他的影响是最基本、最主要和最强烈的。④ 宗密在巴蜀地区度过了青少年时代，他出生和成长于巴蜀之中，巴蜀文化是其"本籍文化"，是他思想学说的"文化母体"。因此，宗密佛教美学思想中的融会贯通特点，除是他个人学思历程和时代背景造就的外，还受巴蜀文化的浸染和影响。可以说，宗密佛教美学思想彰显出巴蜀文化的融通精神，这也是巴蜀美学的一种精神特质。

---

① 冯天瑜，何晓明，周积明. 中华文化史［M］. 上海：上海人民出版社，1990：565.
② 米歇尔·福柯. 词与物：人文科学的考古学［M］. 修订译本. 莫伟民，译. 上海：上海三联书店，2016：1.
③ 袁庭栋. 巴蜀文化志［M］. 修订本. 成都：巴蜀书社，2009：15.
④ 曾大兴. 文学地理学研究［M］. 北京：商务印书馆，2012：18–19.

第四节　唐末五代的巴蜀美学

一、欧阳炯《花间集序》中的美学思想

汉魏六朝，西域和外国的音乐大量传入中原，并与中原音乐相互融合，形成了"燕乐"。燕乐到唐代，广泛流行于民间，民间也开始为它填词。敦煌曲子词就主要是民间创作的词。由此可见，词是一种"与音乐相结合的可以歌唱的新兴抒情诗体"①。到中唐时期，一些诗人发现曲子词具有一定的艺术性，便依声填词，文人词便开始出现。晚唐，大量词人出现，文人填词的风气较为普遍，词开始正式登上文坛。五代后蜀人赵崇祚选编《花间集》，收录了自唐文宗开成元年（836）至后晋高祖天福五年（940）十八位文学家的词作，成为我国第一部词选集。晚唐五代诗人欧阳炯（896—971，益州华阳人）为《花间集》作"序"一篇，可视作他对文人词的反思与评论，蕴含着他的词美学思想。

在《花间集序》中，欧阳炯开篇即言：

镂玉雕琼，拟化工而迥巧；裁花剪叶，夺春艳以争鲜。②

---

① 黄拔荆. 词史：上卷 [M]. 福州：福建人民出版社，1989：6.
② 欧阳炯. 花间集序 [A] //赵崇祚. 花间集校注：第1册. 赵景龙，校注. 北京：中华书局，2015：1.

"镂玉雕琼""裁花剪叶"说明，词不是对造化自然机械的模仿与再现，而是对造化自然的加工。正是由于人为的加工，即人工，才使词虽模拟造化自然但比自然更为精巧，取于艳丽的春色但比春色更为新奇。在欧阳炯看来，对天工施加人工比单纯的天工更精巧、更美。道家美学在崇尚"无为""自然"的基础上，倡导规避人工、人为，因为人工、人为是对本体之"道"的损害，故《庄子·庚桑楚》曰："圣人工乎天而拙乎人。"① 这显示出，道家美学中的"天工"高于"人工"，"天工"是更高一级的美。巴蜀自古具有深厚的道家学术传统，中国哲学史上第一个为《老子》作注的人是西汉后期蜀中学者严遵，东汉末年与道家有很强继承关系的道教又在蜀中建立。但欧阳炯的美学思想突破了巴蜀道家传统，肯定了"人工"在词创作中的价值，认为造化自然受到人为的加工会变得更加精美。

那么，词作家应该如何对造化自然进行加工呢？从《花间集》中可见出，以"情"作词是词作家加工造化自然的重要方法之一。例如，温庭筠《河渎神》曰：

> 孤庙对寒潮，西陵风雨萧萧。谢娘惆怅倚兰桡，泪流玉箸千条。　暮天愁听思归乐，早梅香满山郭。回首两情萧索，离魂何处飘泊？②

从视觉方面看，这首词中的"庙""风雨""西陵"都是外在的自然；从听觉方面看，这首词中的杜鹃声（"思归乐"）亦是外在的自

---

① 郭庆藩. 庄子集释：下册［M］. 北京：中华书局，2004：813.
② 赵崇祚. 花间集校注：第1册［M］. 赵景龙，校注. 北京：中华书局，2015：177－178.

然。如果没有"情"的置入，这些外在自然对人而言只是无生命、无意义的客观存在。当词人用"情"灌注其中，"庙"呈现出孤独感，杜鹃声显现出惆怅感。这样以情写景、由景入情，就将词中女主人公的相思之情淋漓尽致地展现出来了。词中之情因景而更加深刻，词中之景因情而更加灵动。此景不再是单纯的造化自然，而是经过人为加工（"情"）的"情—景"，后者比前者更加精美和艳丽。

二、"野人"姜道隐的审美精神

黄休复是一位活动于唐末五代北宋初的学者，《郡斋读书志》记载"唐乾符初年至宋乾德岁，休复在蜀中"①。可见，黄休复于唐末五代北宋初生活在蜀中长达 90 年。其间，由于对绘画有浓厚的兴趣，黄休复广求观赏，最后编撰完成《益州名画录》，收录在蜀画家 58 人。姜道隐就是其中之一。

姜道隐，五代前蜀画家，蜀州绵竹（今四川德阳绵竹）人。《益州名画录》记载他"年才龆龀，尽日不归，父母寻之，多于神佛庙中画处才见"②。姜道隐小时候总是不回家，他的父母四处寻找，多在寺庙中有壁画的地方发现他。这说明姜道隐从小就对绘画感兴趣。《益州名画录》又曰："及长，为人木讷，不务农桑，唯画是好，不畜妻孥，孑然一身。常戴一竹笠，布衣草履笔墨而已；虽父母兄弟，亦罕测其行止。"③ 姜道隐长大以后，不劳作，不娶妻生子，为人木讷、孤僻，对绘画痴迷，身穿布衣、草鞋，携带画画的笔墨，他的父母兄弟

---

① 晁公武. 郡斋读书志校证［M］. 孙猛，校证. 上海：上海古籍出版社，1990：685.
② 黄休复. 益州名画录［M］. 成都：四川人民出版社，1982：105.
③ 黄休复. 益州名画录［M］. 成都：四川人民出版社，1982：105 – 106.

总是不知道他的行踪。人们称他为"木柔头"① 或 "野人"②。《益州名画录》载：

> 宋王赵公庭隐于净众寺创一禅院，请道隐于长老方丈画山水松石数堵。宋王与诸侍从观其运笔，道隐未尝回顾，旁若无人。画毕，王赠之十缣，置僧堂前，拂衣而去。③

赵公庭曾任后蜀太傅，他在净众寺中修建了一座禅院，便邀请姜道隐去画壁画。赵公庭与其他侍从在旁边观看他，他旁若无人地挥毫洒墨。等他画完后，赵公庭赠送给他十匹绢作为报酬，但他毫不在意，把它放在神台上，拂袖而去。

《十国春秋》记载姜道隐，"生平研究《庄》《老》家言，而性好图龙"④。这就是他进行绘画创作和为人行事颇具老庄风范的缘由，尤其与《庄子》中的"真画者"相像。《庄子·田子方》载：

> 宋元君将画图，众史皆至，受揖而立；舐笔和墨，在外者半。有一史后至者，儃儃然不趋，受揖不立，因之舍。公使人视之，则解衣般礴，裸。君曰："可矣，是真画者也。"⑤

庄子美学中的这位"真画者"，在众画工都彬彬有礼和按程式进行绘画创作之时，却姗姗来迟，不遵循礼法，解衣裸身地创作绘画。

---

① 蜀语为"鬖发蓬松"。参见黄休复. 益州名画录［M］. 成都：四川人民出版社，1982：106.
② 吴任臣. 十国春秋：第 2 册［M］. 北京：中华书局，1983：822.
③ 黄休复. 益州名画录［M］. 成都：四川人民出版社，1982：106.
④ 吴任臣. 十国春秋：第 2 册［M］. 北京：中华书局，1983：822.
⑤ 郭庆藩. 庄子集释：中册［M］. 北京：中华书局，2004：719.

宋元君不仅没有责罚他，还称赞他为"真画者"。一方面，这位"真画者"眼中并没有国君，他超越了礼法与功名利禄；另一方面，他解衣赤裸地进行绘画，实为进入了一种超越技法、程式的自由创作状态。王夫之称他为"有道者"①是颇有道理的。因为在老庄美学中，"道"就是超越功名利禄、是非善恶、礼法规范的"自然""无为"，人得"道"就进入了一种自然而然、自由逍遥的最高境界。姜道隐进行绘画创作，不是为了功名利禄而是天性所好，无论谁在旁边观看他，他都旁若无人，自由地进行绘画。姜道隐就如同"真画者"一样，进入了自然而然、自由逍遥的大道之境。

在《益州名画录》中，黄休复将姜道隐列于"能格下品"之中，这也许是他从所见到的姜道隐所作之壁画而做出的抉择。从姜道隐进行艺术创作的过程和为人行事的方式方面看，他都体现出"逸"的审美风范。因此，我们可以认为，姜道隐在艺术美学方面处于"能"的水平，但在人生美学方面，却彰显出与庄子美学之"真画者"相类的自然而然、自由逍遥的自由精神。

三、杜光庭《道德真经广圣义》中的美学思想

杜光庭（850—933），字宾圣，号东瀛子，处州（今浙江丽水）人，唐末五代著名道士。唐懿宗时，他"奋然入道，事天台道士应夷节"（《历世真仙体道通鉴》卷四十）②。中和元年（881），他随唐僖宗入蜀，后事前蜀王建，被"召为皇子师"（《历世真仙体道通鉴》卷

---

① 王夫之. 庄子解［M］. 北京：中华书局，1964：180.
② 赵道一. 历世真仙体道通鉴［M］//道藏：第 5 册. 北京：文物出版社，上海：上海书店，天津：天津古籍出版社，1988：330.

四十)①。入蜀后，杜光庭漫游巴蜀，晚年定居青城山，仙逝后葬于青城山清都观旁。从32岁入蜀至仙逝，杜光庭在蜀中长达50多年，主持四川道教。他在借鉴、吸收前人多种《道德经》注本基础上，撰成《道德真经广圣义》五十卷，其中蕴含着他独具特色的道教美学思想。

"道"是道家哲学的本体范畴，也是道教美学的本体范畴，它是宇宙万物的本体及生命。杜光庭传承了这一思想，他说："道者，至虚至极，非形非声，后劫运而不为终，先天地而不为始。"（《道德真经广圣义·道可道章第一》）②"道"是超越时间和空间的无形无象的永恒存在。此外，杜光庭又曰："万物道存则生，道去则死，含养之至，不曰母乎？"（《道德真经广圣义·道可道章第一》）③这揭示出，"道"不仅是宇宙万物的本体，还是宇宙万物的生命本源。尽管如此，"道"并不脱离宇宙万物而寓于宇宙万物之中，如"物非道则不能生成，道非物则不显功用"（《道德真经广圣义·三十辐章第十一》）④。总之，在杜光庭的道教哲学思想中，"一切物象皆由道生，一切形类皆道之子矣"（《道德真经广圣义·孔德之容第二十一》）⑤。"道"是宇宙万物的本体及生命，因此，"道"自然也是"美"的本源。杜光庭曰：

---

① 赵道一. 历世真仙体道通鉴［M］//道藏：第5册. 北京：文物出版社，上海：上海书店，天津：天津古籍出版社，1988：330.

② 杜光庭. 道德真经广圣义［M］//道藏：第14册. 北京：文物出版社，上海：上海书店，天津：天津古籍出版社，1988：342.

③ 杜光庭. 道德真经广圣义［M］//道藏：第14册. 北京：文物出版社，上海：上海书店，天津：天津古籍出版社，1988：343.

④ 杜光庭. 道德真经广圣义［M］//道藏：第14册. 北京：文物出版社，上海：上海书店，天津：天津古籍出版社，1988：370.

⑤ 杜光庭. 道德真经广圣义［M］//道藏：第14册. 北京：文物出版社，上海：上海书店，天津：天津古籍出版社，1988：402.

天得道垂象清明，地得道确然安静，神得道变化不歇，
谷得道盈满无亏。（《道德真经广圣义·道可道章第一》）①

天地自然之美因"道"而存在，"道"是天地自然之美的本源。
《老子》第二章曰："天下皆知美之为美，斯恶已。皆知善之为
善，斯不善已。"② 美与丑、善与恶是相互依存，相对而存在的。杜光
庭在此基础上发挥曰：

> 天下之人知道者稀，常俗者众；知修身者寡，徇物者多。
> 皆知美善为是，而莫能为；皆知不善与恶为非，而莫能改。
> 圣人叹之，故云恶已，不善已。夫载仁伏义，抱道守谦，忠
> 孝君亲，友悌骨肉，乃美善之行也，皆知之矣，而不能为。
> 反于此者乃不善之行也。皆知之矣，而不能革。况于修无为
> 之道乎？故可叹也。（《道德真经广圣义·天下皆知章第
> 二》）③

杜光庭一方面将老子美学中的"美"与"善"合称为"美善"，
它融入了儒家伦理道德的内容，含有"载仁伏义，抱道守谦，忠孝君
亲，友悌骨肉"的内涵；另一方面，杜光庭引入了知行的思想，倡导
人们不仅要知道"美善"为何，还要践行"美善"。但"美善"的践
行又应该做到"无为"。这是为什么呢？杜光庭曰："夫天地噫气而众

---

① 杜光庭. 道德真经广圣义［M］//道藏：第14册. 北京：文物出版社，上海：上海
书店，天津：天津古籍出版社，1988：342.
② 王弼，注. 老子道德经注校释［M］. 楼宇烈，校释. 北京：中华书局，2008：6.
③ 杜光庭. 道德真经广圣义［M］//道藏：第14册. 北京：文物出版社，上海：上海
书店，天津：天津古籍出版社，1988：345.

籁作焉，律吕合和而众乐生焉。声之作也，美恶随之，故有安乐怨怒、哀思湷懘之别也。"（《道德真经广圣义·天下皆知章第二》）① "道"是无声无息的，"声"产生于"道"之后，美恶产生的前提又是有"声"的存在，所以在"道"面前，不仅美恶，就连"声"也是人为的结果。人如果想要得道，就应"无为"，因为"夫天致其高，地致其厚，日月照，星辰期，阴阳和，非有为也"（《道德真经广圣义·释御疏序上》）②。另外，唯有"无为"才能"美丑不好憎"（《道德真经广圣义·不尚贤章第三》）③，而"美丑不好憎"即美丑皆忘，"美丑都忘，方为达道"（《道德真经广圣义·天下皆知章第二》）④。可见，"无为"就是一种"忘"的功夫，当美丑被"忘"掉后，自然可以进入与"道"冥合的境界。

在杜光庭的道教思想中，"体""用"被用于阐释"道"，"道"是宇宙万物的本体及生命，它是"体"，而"德"是用，故曰："德为道用，故次于道。"（《道德真经广圣义·希言自然章第二十三》）⑤ 但值得注意的是，杜光庭所谓的"德"还具有伦理道德的含义，如"德，国家之基也"（《道德真经广圣义·持而盈之章第九》）⑥。同时，

---

① 杜光庭. 道德真经广圣义 [M] //道藏：第14册. 北京：文物出版社，上海：上海书店，天津：天津古籍出版社，1988：347.
② 杜光庭. 道德真经广圣义 [M] //道藏：第14册. 北京：文物出版社，上海：上海书店，天津：天津古籍出版社，1988：332.
③ 杜光庭. 道德真经广圣义 [M] //道藏：第14册. 北京：文物出版社，上海：上海书店，天津：天津古籍出版社，1988：355.
④ 杜光庭. 道德真经广圣义 [M] //道藏：第14册. 北京：文物出版社，上海：上海书店，天津：天津古籍出版社，1988：347.
⑤ 杜光庭. 道德真经广圣义 [M] //道藏：第14册. 北京：文物出版社，上海：上海书店，天津：天津古籍出版社，1988：409.
⑥ 杜光庭. 道德真经广圣义 [M] //道藏：第14册. 北京：文物出版社，上海：上海书店，天津：天津古籍出版社，1988：364.

他提出"有德则乐"（《道德真经广圣义·持而盈之章第九》）① 的命题。此"德"为伦理道德之德，"乐"并非功利欲望得到满足之乐，而是一种基于道德的自得之乐。"有德则乐"来源于儒家美学。孔子曰："贤哉回也！一箪食，一瓢饮，在陋巷。人不堪其忧，回也不改其乐。贤哉回也！"（《论语·雍也》）② 显然，颜回之"乐"并不产生于功利欲望的满足，而是源于内心的道德修养。郭店楚简《五行》进一步曰："圣，知礼乐之所由生也，五〔行之所和〕也。和则乐，乐则有德，有德则邦家兴。"（第28~29简）③ "五行"即仁、义、礼、智、圣，"五"〔行之所和〕指仁、义、礼、智、圣在人的内心相互融通，成为人内心的自愿、自觉。"乐"正产生于这种道德的自愿、自觉。这种"乐"乃是一种基于道德的自得之乐。由此可见，杜光庭的美学思想不仅体现出道家、道教特色，同时还吸收儒家美学思想，彰显出一定的伦理道德精神。

---

① 杜光庭. 道德真经广圣义［M］//道藏：第14册. 北京：文物出版社，上海：上海书店，天津：天津古籍出版社，1988：364.
② 何晏，注. 邢昺，疏. 论语注疏［M］//阮元，校刻. 十三经注疏：下册. 北京：中华书局，1980：2478.
③ 荆门市博物馆. 郭店楚墓竹简［M］. 北京：文物出版社，1998：150.

第三章

宋元时期的巴蜀美学

第一节　陈抟与宋代蜀学美学的草创

蜀学是指由苏洵创立，苏轼、苏辙发展而成的学术思想和学术流派，它与王安石"新学"、二程"洛学"三足鼎立，一度成为北宋时期的官方学术思想，对当时和后世产生了不小影响。但正如夏君虞先生所言："蜀学，当然以四川一省的学问为对象。苏氏一支固然是蜀学，苏氏一支以外的学问也不可略去不说，凡是四川人创造的，或者是别人创造而为四川人奉行的学问，都可谓之为蜀学……"① 所以，对蜀学的研究不能仅限于三苏，还应注意三苏蜀学的"前因"和"后果"。这同样适用于蜀学美学的研究。三苏美学虽然是蜀学美学的高峰，但高峰之前必有铺垫，之后必有传承，对蜀学美学的研究就应注意三苏美学以外的内容。而陈抟的蜀学美学思想就是其中之一。关于陈抟的籍贯大致有两说：一为亳州真源，一为普州崇龛。前者为今天的河南鹿邑，后者被认为是四川安岳县或重庆潼南县。本书据胡昭曦

---

① 夏君虞. 宋学概要 [M]. 上海：商务印书馆，1937：93.

先生的考证，认为陈抟是今重庆潼南县人①，且为宋代蜀学及蜀学美学草创时期的代表人物。

一、陈抟蜀学美学的哲学始基

陈抟的蜀学美学较之后来的三苏具有更强的道教倾向，但在本体论方面，他们还是较为一致地认为"道"是宇宙的本体，"道"是其蜀学美学的哲学始基。

早在先秦，《老子》第四十二章就曰"道生一，一生二，二生三，三生万物。万物负阴而抱阳，冲气以为和"②。后世道教也认为："道者何也？虚无之系，造化之根，神明之本，天地之元……万象以之生，五行以之成。"（《玄纲论》）③"道"就是宇宙万物的生命本源及其规律。陈抟效法这种"道"本论而进一步提出："夫道化少，少化老，老化病，病化死，死化神，神化万物，气化生灵，精化成形，神气精三化，炼成真仙。"（《陈希夷胎息诀》）④ 一方面，人的生命和万物的生命都源自"道"；另一方面，万物之形和神都依"道"而生。陈抟之论较以往的"道"本论显得更加细化，因为无论是人与物，还是精神与物质皆以"道"为本体。

当然，在陈抟的思想中，还存在与"道"相通的本体论范畴——"气""一"。《张三丰全集》卷六引陈抟《答人问姓》曰："一气淘今

---

① 胡昭曦. 陈抟里籍考 [J]. 四川文物，1986（3）：33－40.
② 王弼，注. 老子道德经注校释 [M]. 楼宇烈，校释. 北京：中华书局，2008：117.
③ 吴筠. 宗玄先生玄纲论 [M] //道藏：第23册. 北京：文物出版社，上海：上海书店，天津：天津古籍出版社，1988：674.
④ 诸真圣胎神用诀 [M] //道藏：第18册. 北京：文物出版社，上海：上海书店，天津：天津古籍出版社，1988：436.

古，阴阳造化奇。"① 自然造化、往古今来都是阴阳二气相互造作的结果。章希贤《道法宗旨图衍义》卷下引陈抟语："一者，数之本宗也。凡物之理，无宗本则乱，有宗本则不当用，用则复乱矣。"② "一"就是万物之"理"，即万物之所以存在的根本。但这并不是说陈抟持有多元本体论思想。因为在道教哲学中，"道""气""一"同出而异名，如成玄英曰："一，元气也。二，阴阳也"（《道德经义疏》）③；"一，道也"（《道德经义疏》）④。所以，"道"即"气"、即"一"，它们都是生命之源、造化之规律和万物之本质。

　　"道"是宇宙万物的本体，自然也是万物之美的本体。在陈抟看来，自然造化之美不是人或人心造作而成的，而是"自然而然"的。他说："夫天之垂象，的如贯珠，少有差则不成次序矣。故自一至于盈万，皆累累然如系于缕也。"（《龙图序》）⑤ "的如贯珠""成次序""累累然如系于缕"都指的是自然造化之美，这种美不是出自人心或人工创造而是"天之垂象"，即来源于其本身，是自然造化的本然属性。这本然属性就是"道"，因为"道法自然"⑥。所以，自然造化之美来源于"道"，其生成过程也是"道法自然"的过程。另外，人之美也以"道"为本。道教"相信人们经过一定修炼可以长生不死，得道成仙。道教以这种修道成仙思想为核心"⑦。所以在道教徒心中，人

---

① 张三丰. 张三丰全集［M］. 杭州：浙江古籍出版社，1990：188.
② 章希贤. 道法宗旨图衍义［M］//道藏：第32册. 北京：文物出版社，上海：上海书店，天津：天津古籍出版社，1988：616.
③ 蒙文通. 辑校成玄英《道德经义疏》［M］//蒙文通全集：第5册. 成都：巴蜀书社，2015：175.
④ 蒙文通. 辑校成玄英《道德经义疏》［M］//蒙文通全集：第5册. 成都：巴蜀书社，2015：170.
⑤ 曾枣庄，刘琳. 全宋文：第1册［M］. 成都：巴蜀书社，1988：216.
⑥ 王弼，注. 老子道德经注校释［M］. 楼宇烈，校释. 北京：中华书局，2008：64.
⑦ 卿希泰. 中国道教史：第1卷［M］. 成都：四川人民出版社，1988：1.

真正的美不是外在的修饰而是生命的长久永恒（"仙"），而生命的长久永恒有赖于得"道"。陈抟说："日久自然变为宝珠，所以人皆不死是也。故经云：'大道无形'也。"（《阴真君还丹歌注》）① 人们将"道"固守于体内，久而久之，它就会成为如"珠宝"那样的美，因为"道"就是生命，让人长生不死、羽化成仙。

总之，"道"是陈抟蜀学美学的哲学始基，宇宙万物的本源及生命是"道"，自然造化和人的"美"也是"道"。"道"是陈抟蜀学美学的本体。

二、陈抟蜀学中的文艺美学思想

"道"是万物之本、生命之源，但"道"并不游离于万物之外而是寓于万物之中。所谓"触事而真"②"目击而道存"③ 正揭示出这一点。不过，观照外物和人生修为的目的不能止于"器"，而要通过"器"去体悟那本体之"道"。

"道"具有的这种性质以及道器（技）关系对我国古代文艺美学产生了重要影响。《庄子·外物》曰："荃者所以在鱼，得鱼而忘荃。蹄者所以在兔，得兔而忘蹄。言者所以在意，得意而忘言。"④ 显然，"意"较之"言"更为重要，因为"言"犹如捕鱼之"荃"和捉兔的"蹄"，是工具、手段；"意"则是目的。所以，要想获得"意"就只能通过"言"但不拘泥于"言"。这其实就是由"器"见"道"在文

---

① 陈抟. 阴真君还丹歌注［M］//道藏：第 2 册. 北京：文物出版社，上海：上海书店，天津：天津古籍出版社，1988：879.
② 僧肇. 肇论［M］//大正新修大藏经：第 45 卷. 台北：财团法人佛陀教育基金会出版部，1990：153.
③ 郭庆藩. 庄子集释：中册［M］. 北京：中华书局，2004：706.
④ 郭庆藩. 庄子集释：下册［M］. 北京：中华书局，2004：944.

艺美学中的移植。王弼则将道家的这种思想融入易学之中。他说：
"夫象者，出意者也。言者，明象者也。尽意莫若象，尽象莫若
言。……得意在忘象，得象在忘言。故立象以尽意，而象可忘也；重
画以尽情，而画可忘也。"（《周易略例·明象》）① 对"象"而言，
"言"是工具、手段，对"意"而言，"象"又是工具、手段，"言"
"象"都是为了说明"意"。要想获得"意"，一方面不能离开"言"
"象"，但另一方面又不能拘泥于"言""象"。这种功夫就是"忘"，
"忘言"得象，"忘象"得意。我国古代文艺美学中的这些"言"
"象""意"的思想都根源于"道"论及道器（技）关系。

陈抟一方面传承了自古以来的"言""象""意"思想，认为
"易学意、言、象、数，四者不可阙一。其理皆见于圣人之经，不烦
文字解说"（《希夷易图》）②。另一方面，他又对其进行深化与创新，
使得此理论更加饱满、圆融。陈抟说："辞不可尽乎圣理，像不可述
乎圣容。"（《广慈禅院修瑞像记》）③ "辞"和"像"都是形而下的、
有限的存在物，"圣理"和"圣容"指向了"道"，是形而上的、无
限的存在。从这个意义上讲，"辞""像"的确不能"尽乎圣理""述
乎圣容"。不过，同古人一样，陈抟并不认为"道"是游离于万物之
上的实体，而是寓于万物之中的存在。所以，他说："其瑞像者，即
经藏主僧义省新修也。焰轮金灼，仪相月圆。自假相以装严，且托真
而教导。"（《广慈禅院修瑞像记》）④ 这里又显示出陈抟沾染佛教美学
的印迹。在陈抟看来，造像以及造像之"美"不仅是形而下的、有限
的，还是虚假的。但"道""法"就在"像""色"之中，只要以一

---

① 王弼，注．王弼集校释：下册［M］．楼宇烈，校释．北京：中华书局，1980：609.
② 杨慎．升庵全集：第2册［M］．上海：商务印书馆，1937：388.
③ 陈垣．道家金石略［M］．陈智超，曾庆瑛，校补．北京：文物出版社，1988：223.
④ 陈垣．道家金石略［M］．陈智超，曾庆瑛，校补．北京：文物出版社，1988：223.

定的心胸和眼光去观照造像就可获得那真实无妄的"道""法"。这就是"自假相以装严,且托真而教导"。"像"以彰显"道"为目的,因此"道"就应为"本"。陈抟曰:"夫以立瑞像者,重其本也;崇经诰者,演其教也。像非其貌,故不可以尽文;经非了义,故不可以复思。"(《广慈禅院修瑞像记》)① 虽然,"道"为本,"貌"为末,但离开了造像的线条、纹饰、造型等就无以见"道"。故造像之"貌"虽为"末",但由于其彰显"道"之功用,同样获得了本体论意义。这就是一种体用合一的美学观。

陈抟的道器、道技以及本末思想是对前人思想的发挥与创新。他并不主张"忘"掉它们,而是注重它们能见"道"的重要功能,强调一种本末、体用合一的精神。除造像外,其他艺术也是如此。陈抟曰:"大乐无声,且鼓且舞。大权无名,且默且语。我味天供,匪寒匪暑。我声天乐,惟律惟吕。"(《广慈禅院修瑞像记》)② 陈抟追求一种"大乐"与"天乐",它们与老庄美学中的"大音""天籁"相通。不过,《老子》曰:"五音令人耳聋"③、"大音希声"④。《庄子·齐物论》曰:"夫吹万不同,而使其自己也。"⑤ "大音""天籁"是一种大道之音、自然之音,它超越了具体的宫商角徵羽,不需要人为的造作。而陈抟之"大乐"与"天乐"却为具体的音乐创作留有空间,"大乐""天乐"虽然"无声",但它需要通过"且鼓且舞""惟律惟吕"来彰显。

可以说,陈抟蜀学中的文艺美学思想主要来源于道家美学,继承

① 陈垣. 道家金石略 [M]. 陈智超, 曾庆瑛, 校补. 北京:文物出版社, 1988:223.
② 陈垣. 道家金石略 [M]. 陈智超, 曾庆瑛, 校补. 北京:文物出版社, 1988:223.
③ 王弼, 注. 老子道德经注校释 [M]. 楼宇烈, 校释. 北京:中华书局, 2008:27.
④ 王弼, 注. 老子道德经注校释 [M]. 楼宇烈, 校释. 北京:中华书局, 2008:113.
⑤ 郭庆藩. 庄子集释:上册 [M]. 北京:中华书局, 2004:50.

了道家美学的超越精神，但在追求超越之道的同时，他并不要求
"忘"掉器、技，而是为形下之器、技留下存在的空间，体现出一种
体用、道器合一的美学精神。

三、陈抟蜀学中的人生美学思想

据《宋史·陈抟传》记载，陈抟因屡试不中而不求功名仕进，移
居武当山，"以山水为乐"，修炼"服气辟谷"之术，所以他被称为
"方外之士""山野之人"①。这就使陈抟的人生美学思想烙上了道家、
道教的印迹。

在道教中，"仙"其实是得道之人，而得道就是获得真正的自由
与逍遥。陈抟也以"仙"为人生的一大追求，但他对"仙"的理解却
融入了佛教的"空"观。他将人生的境界分为五个层次——"顽空"
"性空""法空""真空""不空"（《观空篇》）②。有学者认为："这
'五空'有不同的含义，分别代表了人生境界的五种层次或五种阶段，
同时也是审美的人生境界。"③ 其实，前两种境界还不是审美的人生境
界。因为"顽空"执于"浊""阴"，"性空"执于"清""阳"，两
者都有所偏执，他们分别为"至愚者"和"断见者"。只有后三种才
能称得上审美的人生境界。陈抟《观空篇》曰："法空，何也？动而
不挠，静而能生……无事也，无为也，合于天道焉。是为得道之初者

---

① 脱脱，等. 宋史：第 38 册 [M]. 北京：中华书局，1977：13420 - 13421.
② 曾慥. 道枢 [M] //道藏：第 20 册. 北京：文物出版社，上海：上海书店，天津：
天津古籍出版社，1988：662.
③ 潘显一，李裴，申喜萍，等. 道教美学思想史研究 [M]. 北京：商务印书馆，
2010：368 - 369.

也"①；"真空，何也？知色不色，知空不空，于是真空一变而生真道，真道一变而生真神，真神一变而物无不备矣。是为神仙者也"②；"不空，何也？天者高且清矣，而有日月星辰焉。地者静且宁也，而有山川草木焉。人者虚且无也，而为仙焉。三者出虚而后成者也。……斯元龙回首之高真者也"③。可见，"法空"就是契合了道之无为、自然而然的特性，所以为"得道之初"；"真空"是打破色空的区别，以平等一如的眼光观照事物，从而达到"无物不备"的境地，所以为"神仙"；而"不空"则是荡去一切欲望、分别，没有刻意为之的存在，天地人都因其"自性"而运作、是其所是的存在。"不空"是最高的境界，如涅槃之境、大道之境。

　　"空"（主要指"法空""真空""不空"）是一种人生境界，它要求人们消除欲望得失、利害计较之心从而进入大道之境、存在之域。而陈抟蜀学美学中的"醉"正具有消除欲望得失、利害计较之功效。陈抟在移居武当山后，"服气辟谷历二十余年，但日饮酒数杯"④。二十多年来，陈抟日日以酒为伴，但这并不是因为酒本身契合了他当时的心境和精神追求，而是酒可使人"醉"这一功效使他离不开酒。陆游《老学庵笔记》卷六引陈抟《邛州天庆观石刻诗》曰："我谓浮荣真是幻，醉来舍辔谒高公。因聆玄论冥冥理，转觉尘寰一梦中。"⑤ 官场中的沉浮荣辱都是过眼云烟，但它们总是成为人生命之"辔"，即束缚、羁绊。而"醉"就让人在无拘无束中，超越人生中的束缚、羁

---

① 曾慥. 道枢［M］//道藏：第20册. 北京：文物出版社，上海：上海书店，天津：天津古籍出版社，1988：662.

② 曾慥. 道枢［M］//道藏：第20册. 北京：文物出版社，上海：上海书店，天津：天津古籍出版社，1988：662.

③ 曾慥. 道枢［M］//道藏：第20册. 北京：文物出版社，上海：上海书店，天津：天津古籍出版社，1988：662.

④ 脱脱，等. 宋史：第38册［M］. 北京：中华书局，1977：13420.

⑤ 陆游. 老学庵笔记［M］. 北京：中华书局，1979：78.

绊，将世俗社会中的一切都视作虚幻假象。所以，"醉"发挥着"空"的作用。另外，陈抟《半醉》诗云："洞中睡来几载，流霞独饮千杯，逢人莫说人事，笑指白云去来。"① "人事"乃世俗之事。独饮千杯之"醉"让陈抟不再纠结于世事，当然也不执着于仙事，而是像"不空"的态度那样，以"齐物"之心与造化为友，在平等一如中"笑指白云去来"，在自然而然、是其所是之中感受自我与万物的自性之美。

在陈抟蜀学美学思想中，还有一个范畴与"醉"发挥着同样的效果——"睡"。但陈抟之"睡"并非一般人的睡（"世俗之睡"），而是"至人之睡""千年之睡"。陈抟《回太宗诏书并诗》云："无心享禄登台鼎，有意求仙到洞天。轩冕浮荣绝尘念，三峰长乞睡千年。"② 可见，"睡"也是一种无心于功名利禄、荣辱得失的功夫。这种功夫之"睡"又通向了境界之"睡"。陈抟《睡歌》曰："臣爱睡，臣爱睡，不卧毯，不盖被，片石枕头，蓑衣覆地，南北任眠，东西随睡。"③ 在这种"睡"境中，天是其房屋，地是其床铺，石头是其枕头，东南西北"任眠随睡"。所以，陈抟之"睡"境就是自由、逍遥之境，自然万物与"我"之间的隔阂由此消解。这也就是庄子所谓的"天地与我并生，而万物与我为一"（《庄子·齐物论》）④ 的境界。

无论是"空"，还是"醉""睡"，它们既是工夫又是境界，而且

---

① 赵道一，编. 历世真仙体道通鉴［M］//道藏：第5册. 北京：文物出版社，上海：上海书店，天津：天津古籍出版社，1988：371.

② 张辂，编. 太华希夷志［M］//道藏：第5册. 北京：文物出版社，上海：上海书店，天津：天津古籍出版社，1988：735.

③ 张辂，编. 太华希夷志［M］//道藏：第5册. 北京：文物出版社，上海：上海书店，天津：天津古籍出版社，1988：738.

④ 郭庆藩. 庄子集释：上册［M］. 北京：中华书局，2004：79.

是本体之境。它们共同揭示出陈抟所追求的自然而然、逍遥无为的精神境界，它们通向了宇宙万物的本体之"道"。而这种"道"，用徐复观先生的话讲就是"最高的艺术精神"①。所以，陈抟蜀学中的"空""醉""睡"不仅是宗教境界、人生境界，还是审美境界。

四、结语

陈抟，作为北宋初期重要的学者，对宋代的学术思想产生了深远影响。这正如卿希泰先生所言："北宋时期涌现出的一批道学大师和道教学者，多直接间接受到陈抟思想的教益。"② 但是，除道学和道教学术外，作为巴蜀籍学者的陈抟还对蜀学以及蜀学美学产生了一定的影响，并且拉开了蜀学美学的理论架构。首先，他的美学本体论虽带有浓厚的道教色彩，但与后来的苏氏蜀学美学一样以"道"为本。其次，在道器、道技关系上，陈抟调和了它们间的对立关系，为器、技留下了存在的空间，彰显出一种蜀学美学的包容精神。而这种精神成为蜀学美学一以贯之的特点。最后，陈抟既以"醉"为消除欲望、进入自由的功夫，又以"醉"为消除欲望、进入自由后的境界，为"醉"在苏氏蜀学美学中的全面展开奠定了基础。总之，陈抟不仅对理学、道教学术产生了重要影响，还为宋代蜀学美学的创立奠定了基础。

---

① 　徐复观. 中国艺术精神［M］. 台北：台湾学生书局，1966：56.
② 　卿希泰. 中国道教思想史纲：第2卷［M］. 成都：四川人民出版社，1985：712.

第二节　三苏蜀学美学（上）

　　"蜀学"指巴蜀地区自古迄今的以儒为主、贯通三教的学术文化。① 由苏洵开创、苏轼和苏辙发展的三苏蜀学是蜀学发展史上的一座高峰，它与王安石"新学"、二程"洛学"三足鼎立，是宋学不可或缺的一部分，并彰显出别具特色的形神风骨。近代学者刘咸炘在《蜀学论》中云："统观蜀学，大在文史。"② 虽然刘氏对"蜀学"的论断有失偏颇，但至少揭示出蜀中文人对"文"的钟情，蜀学中蕴含着有关文学艺术以及审美的丰富内容和旨趣。而这一点，三苏蜀学尤为突出，也是三苏蜀学美学得以提出的基本点。三苏从本体论、性情论、礼乐论三方面入手，构建起有别于宋代理学美学的蜀学美学理论体系，对宋代及以后近一千年的美学思潮产生了不容忽视的影响。

一、三苏蜀学美学之"道"本论

　　唐末五代是一个政治昏暗、社会动荡、道德败坏的时期，欧阳修所谓"君君臣臣父父子子之道乖，而宗庙、朝廷，人鬼皆失其序"③正是对这一时期状况的概括。公元960年，赵匡胤经过多年征战终于再次统一中国，结束了半个多世纪的藩镇割据局面，建立中央集权的北宋王朝。而政治上的统一必然要求与之相适应的思想意识的统一，

---

① 蔡方鹿. 巴蜀哲学、蜀学、巴蜀经学概论［A］. 地方文化研究辑刊：第6辑［C］. 成都：巴蜀书社，2013：37.

② 刘咸炘. 刘咸炘诗文集［M］. 上海：华东师范大学出版社，2010：5.

③ 欧阳修. 新五代史：第1册［M］. 北京：中华书局，1974：173.

这样才能使政权稳固、社会安定。所以，北宋建立以后，许多文人士大夫不断关注本体论问题，如范仲淹认为"气"乃天地之本原①，胡瑗提出"一元之气"化生万物的理论②，欧阳修以"元气"③ "精气"④ 为本体等。他们欲借用某一本体概念统一思想、规范言行、囊括万有，从而与趋于统一的时局相适应。同样，北宋中期的三苏也是如此，他们主要以"道"为宇宙万物的本体，并使"道"成为三苏蜀学理论体系的逻辑起点。

苏辙曰："道，万物之宗也。万物，道之末也"（《道德真经注·道常无名章》）⑤；"物之所以得为物者，皆道也"（《道德真经注·上德不德章》）⑥。"道"不仅是宇宙万物的本原，还是万物的根本性质。另外，蜀学中还有一些其他范畴与"道"相通。如苏轼《潮州韩文公庙碑》曰："孟子曰：'吾善养吾浩然之气。'是气也，寓于寻常之中，而塞乎天地之间。……其必有不依形而立，不恃力而行，不恃生而存，不随死而亡者矣。故在天为星辰，在地为河岳。幽则为鬼神，而明则复为人。此理之常，无足怪者。"⑦ 苏轼吸收了孟子的哲学思想，认为"气"如"道"一样遍布天地、超越时空，是自然造化的本原。另外，"气"（"道"）也被称作自然造化的"理之常"，即"常理"，如"山

---

① 范仲淹. 乾为金赋［M］//范仲淹全集：上册. 成都：四川大学出版社，2007：488.

② 胡瑗. 周易口议［M］//景印文渊阁四库全书：第8册. 台北：台湾商务印书馆，1986：173.

③ 欧阳修. 洛阳牡丹记［M］//欧阳修全集：第3册. 北京：中华书局，2001：1097.

④ 欧阳修. 杂说三首［M］//欧阳修全集：第2册. 北京：中华书局，2001：263.

⑤ 苏辙. 道德真经注［M］//道藏：第12册. 北京：文物出版社，上海：上海书店，天津：天津古籍出版社，1988：305.

⑥ 苏辙. 道德真经注［M］//道藏：第12册. 北京：文物出版社，上海：上海书店，天津：天津古籍出版社，1988：307.

⑦ 苏轼. 苏轼全集：中册［M］. 上海：上海古籍出版社，2003：987－988.

石竹木水波烟云，虽无常形，而有常理"（《净因院画记》）①。因此，在三苏蜀学思想中，"道""气""理"三者实为一，它们是天地之道、万物之源。

"道"是三苏蜀学的本体论范畴，万物都因它而生、依它而行，文艺自当不能例外。苏洵《谥法·文》曰："盖行之中理而可以为文者"②，"施而不中理由，未得为文也"③。"中理"与否成为能否"为文"的前提与保证，"中理"才能"为文"。苏轼曰："物固有是理，患不知，知之患不能达之于口与手。所谓文者，能达是而已。"（《答虔倅俞括一首》）④"文"的目的就是为了达"理"。苏辙云："以为文者，气之所形。"（《上枢密韩太尉书》）⑤ "文"由"气"所构成，"气"乃"文"之本原。要言之，"道"（"理""气"）不仅是三苏蜀学的本体范畴，还是三苏蜀学美学的本体范畴，它是文艺成立的始基，文艺需要中"理"、达"道"。三苏蜀学美学中的"道"是本、"文"是末，这种"文""道"关系与二程洛学一致。但在二程那里，"文"不仅为末，而且"作文害道"⑥。"文"与"道"始终处于一种紧张、对立的关系中。在三苏蜀学美学中，"文""道"虽有本末之分，但三苏并未简单以"道"否定"文"。三苏蜀学认为："'道'者，器之上达者也，'器'者，道之下见者也，其本一也"（《苏氏易传·未

① 苏轼. 苏轼全集：中册 [M]. 上海：上海古籍出版社，2003：886.
② 苏洵. 谥法 [M]//曾枣庄，舒大刚. 三苏全书：第 3 册. 北京：语文出版社，2001：290.
③ 苏洵. 谥法 [M]//曾枣庄，舒大刚. 三苏全书：第 3 册. 北京：语文出版社，2001：290.
④ 苏轼. 苏轼文集：第 4 册 [M]. 北京：中华书局，1986：1793.
⑤ 苏辙. 苏辙集：第 2 册 [M]. 北京：中华书局，1990：381.
⑥ 程颢，程颐. 二程集：上册 [M]. 北京：中华书局，2004：239.

济》)①；"文之为言，犹曰万物各得其理云尔"（《古史·周本纪》)②。所以，蜀学美学中的"文"不仅不会"害道"，反而"道"还要依"文"而显现，"文""道"为一也。

蜀学美学认为，"道"是"文"之本，"文"可显现"道"。那么，"文"具体怎样显现"道"呢？这就涉及蜀学美学中的创作论问题。首先，"道"需要以"无为"而得。苏辙曰："道以无为为宗，万物莫能婴之。"（《古史自叙》)③"道"以"无为"为宗，那么"有为"则与"道"相悖。所以，超越技法（"有为"）则是求"道"的必由之路。而苏轼蜀学美学所倡导的"醉"正集中体现出这种对技法的超越，如"张长史草书，必俟醉，或以为奇，醒即天真不全"（《书张长史草书》)④；"吾醉后能作大草，醒后自以为不及"（《题醉草》)⑤。我们知道，"醉"让人意识模糊、行为放浪，平日之规矩荡然无存，以"醉"作书必然超越技法的束缚，从而进入无拘无束的自由创作状态（"无为"）。这种自由的创作状态就是"天真"，就是"道"。其次，"道"还需要"忘"的功夫。三苏蜀学认为："道旷然无形，颓然无名"（《道德真经注·天下皆谓章》)⑥；"道非有无，故以恍惚言之"（《道德真经注·孔德之容》)⑦。显然，这种非有非无的

---

① 苏轼. 苏氏易传［M］. 曾枣庄，舒大刚. 三苏全书：第1册［M］. 北京：语文出版社，2001：371.

② 苏辙. 古史：第1册［M］//曾枣庄，舒大刚. 三苏全书：第3册. 北京：语文出版社，2001：399.

③ 苏辙. 古史：第1册［M］//曾枣庄，舒大刚. 三苏全书：第3册. 北京：语文出版社，2001：351.

④ 苏轼. 苏轼全集：下册［M］. 上海：上海古籍出版社，2003：2169.

⑤ 苏轼. 苏轼全集：下册［M］. 上海：上海古籍出版社，2003：2172.

⑥ 苏辙. 道德真经注［M］//道藏：第12册. 北京：文物出版社，上海：上海书店，天津：天津古籍出版社，1988：317.

⑦ 苏辙. 道德真经注［M］//道藏：第12册. 北京：文物出版社，上海：上海书店，天津：天津古籍出版社，1988：300.

恍惚之"道"是对有形的超越。那么，如果拘泥于文艺形式的创造则必然与"道"失之交臂。苏辙曰："古之传道者必以言，达者得意而忘言，则言可尚也。小人以言害意，因言以失道，则言可畏也。"（《论语拾遗》）①"言"直接构成的是文艺形式，小人因为拘泥于形式而"因言失道"，所以苏辙要求"忘言"而得"道"。最后，虽然三苏蜀学美学倡导超越技法，不拘泥于形式而达"道"，但是他们并非简单地否定技法与形式。苏轼曰："有道有艺，有道而不艺，则物虽形于心，不形于手。"（《书李伯时山庄图后》）②"有道而不艺"指的是只知追求"道"而忽视或根本不具有相应的技法，这样虽然心中有"成竹"，但始终难以将其物态化，不可能创作出优秀的艺术。另外，苏辙曰："凡物之见于外者，皆其门堂也。道之在物，譬如其奥，物皆有之，而人莫之见耳。"（《道德真经注·大国者下流章》）③"道"虽幽微深奥、难以察觉，但它散遍天地、寓于万物，万物之形神皆是"道"之显现。所以，三苏蜀学美学在文艺创作论方面，倡导在以"道"为本的基础上，"技道两进"（《跋秦少游书》）④、"形理两全"（《书竹石后》）⑤，这样才能即体显用，让文艺真正彰显和进入大道之境、存在之域。

要言之，"道"是三苏蜀学美学的哲学始基，三苏将其视作文艺的本原，倡导通过"技道两进""形理两全"的文艺创作方法展现那大道之境、进入存在之域。

---

① 苏辙. 苏辙集：第3册［M］. 北京：中华书局，1990：1222.
② 苏轼. 苏轼全集：下册［M］. 上海：上海古籍出版社，2003：2190.
③ 苏辙. 道德真经注［M］//道藏：第12册. 北京：文物出版社，上海：上海书店，天津：天津古籍出版社，1988：315.
④ 苏轼. 苏轼全集：下册［M］. 上海：上海古籍出版社，2003：2179.
⑤ 李日华. 六研斋笔记 紫桃轩杂缀［M］. 南京：凤凰出版社，2010：175.

二、三苏蜀学美学之尚"情"论

在原始儒家那里，"性""情"已是一对时常被关注的范畴。《荀子·正名》曰："性者，天之就也；情者，性之质也；欲者，情之应也。"① 荀子虽然没有明确指出"性"与"情"孰高孰低，但"情"已被荀子联系于"欲"，所以扬"性"贬"情"就暗含其中。后来，《礼记·乐记》则更为详细论述道："人生而静，天之性也，感于物而动，性之欲也。物至知知，然后好恶形焉。好恶无节于内，知诱于外，不能反躬，天理灭矣。夫物之感人无穷，而人之好恶无节，则是物至而人化物也。人化物也者，灭天理而穷人欲者也。"② 孔颖达《疏》曰："感于物而动，性之欲也者，其心本虽静，感于外物而心遂动，是性之所贪欲也。自然谓之性，贪欲谓之情。"③ 可见，"性之欲"就是"情"，"情"会威胁"性"，"人欲"（"情"）胜则"天理"（"性"）灭。所以，唐代李翱明确提出"灭情复性"的理论："情者，妄也、邪也，妄与邪，则无所因矣。妄情灭息，本性清明，周流六虚，所以谓之能复其性也。"（《复性书中》）④ 到了北宋，二程基本传承了前代的性情论，认为性为本、情为末："只性为本，情是性之动处。"（《河南程氏遗书·二先生语二上》）⑤ 但是，"人之情各有所蔽，故不能适道，大率患在于自私而用智"（《河南程氏文集·答横渠张子厚先

---

① 王先谦. 荀子集解：下册 [M]. 北京：中华书局，1988：428.
② 郑玄，注. 孔颖达，疏. 礼记正义 [M] //阮元，校刻. 十三经注疏：下册. 北京：中华书局，1980：1529.
③ 郑玄，注. 孔颖达，疏. 礼记正义 [M] //阮元，校刻. 十三经注疏：下册. 北京：中华书局，1980：1529.
④ 李翱. 李文公集 [M]. 上海：上海古籍出版社，1993：10.
⑤ 程颢，程颐. 二程集：上册 [M]. 北京：中华书局，2004：33.

生书》)①，"情既炽而益荡，其性凿矣"（《河南程氏文集·颜子好何学论》)②。"情"让人自私、益荡，威胁着"性"，而终不能达"道"，所以，二程洛学倡导以"性"化情、由"情"复"性"，即"性其情"③。这也给宋代理学美学打上了贬低"情"的烙印。

三苏蜀学首先传承了传统的性情理论而认为，"性"是"道"落实于人的一种存在方式，也是人之所以为人的依据，如"盖道无所不在，其于人为性"（《道德真经注·载营魄章》)④、"性者其所以为人者也，非是无以成道矣"（《苏氏易传·系辞传上》)⑤。可见，蜀学之"性"乃"道"在人身之显现，它是理、道、善。这一点与理学相通。那么，"情"在蜀学中是不是就为恶、妄而应该排斥呢？当然不是。三苏蜀学虽然也认为"性"是本、"情"是末，但是两者为一而非二。苏轼借用子思的思想来阐发他的性情理论，他说："人心，众人之心也，喜怒哀乐之类是也。道心，本心也，能生喜怒哀乐者也。……夫心岂有二哉？不精故也，精则一矣。……夫喜怒哀乐之未发，是莫可名言者，子思名之曰'中'，以为本心之表著。古之为道者，必识此心，养之有道，则卓然可见于至微之中矣。夫苟见此心，则喜怒哀乐无非道者，是之谓'和'。喜则为仁，怒则为义，哀则为礼，乐则为乐，无所往而不为盛德之事。其位天地、育万物，岂足怪哉！若夫道心隐微，而人心危主，喜怒哀乐，各随其欲，其祸可胜言哉！道心即人心也，人心即道心也。放之则二，精之则一，桀、纣非无道心也，

---

① 程颢，程颐. 二程集：上册［M］. 北京：中华书局，2004：460.
② 程颢，程颐. 二程集：上册［M］. 北京：中华书局，2004：577.
③ 程颢，程颐. 二程集：上册［M］. 北京：中华书局，2004：277.
④ 苏辙. 道德真经注［M］//道藏：第12册. 北京：文物出版社，上海：上海书店，天津：天津古籍出版社，1988：294.
⑤ 苏轼. 苏氏易传［M］//曾枣庄，舒大刚. 三苏全书：第1册［M］. 北京：语文出版社，2001：352.

放之而已。尧舜非无人心也，精之而已。"（《东坡书传·大禹谟》）①
在苏轼看来，子思所谓的"中"就是"性""道心""本心"，"和"
就是喜怒哀乐之"情""人心""众人之心"。所谓"桀、纣非无道心
也，放之而已。尧舜非无人心也，精之而已"就说明，"性"和"情"
并非割裂之两物而是一"心"之二门，"心"放则为"情"，"心"精
则为"性"。只要"情"符合"道"，那么喜怒哀乐就会变现为仁义
礼乐，就能与"性"一道像"中和"那样使"天地位""万物育"。
因此，在三苏蜀学中，道心即人心、性即情，它们是一而非二，并无
高低贵贱之分。也正是由于此，"情"在蜀学中的地位得以提升，
其价值得以被发现，所以三苏蜀学指出："故不情者，君子之所甚恶
也。……然孔子不取者，以其不情也"（《东坡志林·直不疑买金偿
亡》）②；"夫六经之道，惟其近于人情，是以久传而不废"（《进论五
首·诗论》）③。

　　"情"在三苏蜀学中依"性"而被重视与发扬，这也使得蜀学美
学普遍推崇"情"、重视"情"在文艺创作中的作用。苏轼明确反对
"勉强所为"的创作，而倡导"发于咏叹"的自由抒写，如"夫昔之
为文者，非能为之为工，乃不能不为之为工也。……山川之秀美，风
俗之朴陋，贤人君子之遗迹，与凡耳目之所接者，杂然有触于中，而
发于咏叹。……盖家君之作与弟辙之文皆在，凡一百篇，谓之《南行
集》。将以识一时之事，为他日之所寻绎，且以为得于谈笑之间，而
非勉强所为之文也"（《南行前集序》）④。苏轼所谓的"能为"之文就

---

① 苏轼. 东坡书传：第 1 册［M］//曾枣庄，舒大刚. 三苏全书：第 1 册. 北京：语
　　文出版社，2001：470 - 471.
② 苏轼. 东坡志林［M］//曾枣庄，舒大刚. 三苏全书：第 5 册. 北京：语文出版社，
　　2001：207 - 208.
③ 苏辙. 苏辙集：第 4 册［M］. 北京：中华书局，1990：1273.
④ 苏轼. 苏轼全集：中册［M］. 上海：上海古籍出版社，2003：857.

是"勉强所为"之文，创作者的情感还未酝酿纯熟，就为一些外在的目的去为文，而"不能不为"之文则是由外物刺激、情积于胸而"发于咏叹"之文。这也是苏辙所说的"诗之所为作者，发于思虑之不能自已"（《诗集传·泽陂》）①。可见，在三苏蜀学美学之中，"情"是文艺创作的催化剂。而蒲永生、朱象先等艺术家为苏轼所推崇也正是由于他们的文艺创作皆出于"情"。苏轼曰："松陵人朱君象先，能文而不求举，善画而不求售。曰：'文以达吾心，画以适吾意而已。'"（《书朱象先画后》）② 又曰："成都人蒲永升，嗜酒放浪，性与画会，始作活水……王公富人或以势力使之，永升辄嘻笑舍去。遇其欲画，不择贵贱，顷刻而成。"（《书蒲永升画后》）③ 朱、蒲二人以放浪形骸之姿藐视一切功名利禄，纯任性灵抒发，为自我而画，进入了"不能不为"之境界，所以才能真正创造出"活"的艺术。由此可见，蜀学美学宣扬一种"非其至情者，久则厌矣"（《苏氏易传·恒》）④ 的尚"情"理论。

有学者将苏氏的这种观念称为"情本论"⑤。这种看法大体正确，因为较之宋代理学美学，三苏蜀学美学十分重视"情"在文艺创作中的作用，认为"至情"才能让文艺持久存在。但是综观三苏蜀学，我们认为"情"的地位虽然与"性"相当，但"情"毕竟被三苏更多地放在文艺创作论中加以论述与推崇，"情"还不能成为"本"，因为文艺之本与宇宙万物之本一样是"道"，文艺通过"情"的创造而彰显的生命本真、自由境域正是那个"道"。所以，三苏蜀学美学是以

---

① 苏辙. 诗集传 [M] //儒藏：精华编·第 24 册. 北京：北京大学出版社，2008：290.
② 苏轼. 苏轼全集：下册 [M]. 上海：上海古籍出版社，2003：2191.
③ 苏轼. 苏轼文集：第 2 册 [M]. 北京：中华书局，1986：409.
④ 苏轼. 苏氏易传 [M] //曾枣庄，舒大刚. 三苏全书：第 1 册 [M]. 北京：语文出版社，2001：246.
⑤ 冷成金. 苏轼的哲学观与文艺观 [M]. 北京：学苑出版社，2003：99.

"道"为本、以"情"为尚，是一种"尚情论"而非"情本论"。

三、三苏蜀学美学之礼乐论

五代时期，战乱频繁，政治动荡，礼乐制度毁坏殆尽。在宋太祖赵匡胤以武力平复战乱、统一全国之后，随即进行了一系列制度的恢复与建设工作，其中，礼乐制度的恢复与建设是最为重要的一方面。赵匡胤即位的第二年，就命太子詹事尹拙会集儒士对聂崇义的《重集三礼图》进行详细考订。开宝年间，他又命刘温叟、李昉等人在唐代《开元礼》基础上编撰《开宝通礼》，后又命人编纂《通礼义纂》。在音乐方面，赵匡胤"以雅乐声高"（《宋史·乐志一》）①，让和岘重新审订律吕以规范音乐。这就是《宋史·太祖本纪》所谓的"建隆以来，释藩镇兵权，绳赃吏重法，以塞浊乱之源。……治定功成，制礼作乐"②。宋朝开国以来，君王重视礼乐制度的建设，有所损益地进行"制礼作乐"，这必然带动文人士大夫在理论上对礼乐进行探讨，为王朝建设提供理论资源。三苏正是如此，而对礼乐的讨论也成为三苏蜀学美学的重要内容。

自古以来，礼乐对于修身治国就具有重要的意义，如孔子所言："文之以礼乐，亦可以为成人矣"（《论语·宪问》）③；"礼乐不兴，则刑罚不中；刑罚不中，则民无所错手足"（《论语·子路》）④。到了二程那里，礼乐地位被进一步提高："礼者，理也。"（《河南程氏遗书·

---

① 脱脱，等. 宋史：第9册 ［M］. 北京：中华书局，1977：2937.
② 脱脱，等. 宋史：第1册 ［M］. 北京：中华书局，1977：50 – 51.
③ 何晏，注. 邢昺，疏. 论语注疏 ［M］ //阮元，校刻. 十三经注疏：下册. 北京：中华书局，1980：2511.
④ 何晏，注. 邢昺，疏. 论语注疏 ［M］ //阮元，校刻. 十三经注疏：下册. 北京：中华书局，1980：2506.

明道先生语一》）① 可以说，礼乐在宋代理学那里已经具有了本体之理的地位。三苏却与二程不同，他们虽承认礼乐的重要作用及地位，但礼乐毕竟不能等同于本体之"道"，礼乐是属于形而下之器的范畴。苏辙借用道家哲学论述道："莫非道也，而可道者不可常，惟不可道，而后可常耳。今夫仁义礼智，此道之可道者也。然而仁不可以为义，而礼不可以为智，可道之不可常如此。惟不可道，然后在仁为仁，在义为义，在礼为礼，在智为智。彼皆不常，而道常不变，不可道之能常如此。"（《道德真经注·道可道章》）② "道"是永恒的本体，它不可言说，而可言说之"道"则非永恒的"道"。仁义礼智是可言说的，并且"在礼为礼，在智为智"，它们不能相互打通、彼此往来，具有"器"的特性。因此，与"道"相比，礼乐毕竟是有限的、具体的，属于形而下。

虽然，蜀学并未像理学那样，赋予礼乐以本体之地位。但蜀学所谓的本体之"道"并非是与形下之器相割裂的永恒实体。苏辙曰："道之在物，譬如其奥，物皆有之。"（《道德真经注·大国者下流章》）③ 可见，蜀学之"道"就寓于"器"之中，"器"承载着"道"，两者浑然为一而非二。苏轼曰："物之精华，发越于外者，为声色臭味，是妙物也。故足以移人，亦足以感鬼神。"（《东坡书传·君陈》）④ 所谓"物之精华"就是"道"，"发越于外"的声色臭味就是"器"，但是在蜀学中，"器"也是"妙物"，它与"道"无二，可

---

① 程颢，程颐. 二程集：上册［M］. 北京：中华书局，2004：125.
② 苏辙. 道德真经注［M］//道藏：第 12 册. 北京：文物出版社，上海：上海书店，天津：天津古籍出版社，1988：291.
③ 苏辙. 道德真经注［M］//道藏：第 12 册. 北京：文物出版社，上海：上海书店，天津：天津古籍出版社，1988：315.
④ 苏轼. 东坡书传：第 2 册［M］//曾枣庄，舒大刚. 三苏全书：第 2 册［M］. 北京：语文出版社，2001：193.

以显现"道"，所以声色臭味可以"移人""感鬼神"。苏辙则进一步说："《易》曰：'形而上者谓之道，形而下者谓之器。'自五帝三王以形器治天下，导之以礼乐，齐之以政刑，道行于其间，而民莫知也。"（《历代论·梁武帝》,）① 可见，形而下之礼乐并不是与"道"相割裂的，"道"孕育于礼乐之中，礼乐也可承载"道"，显现"道"。即"器"现"道"，即礼乐而行"道"乃礼乐之根本大用。

"道"寓于礼乐之中，礼乐亦可彰显"道"。孔子曾说："礼云礼云，玉帛云乎哉？乐云乐云，钟鼓云乎哉？"（《论语·阳货》)② 所以，礼乐不能徒有其形式而无内在之意义。三苏蜀学以"道"入"礼"正是对孔子礼乐思想的传承与发展，也是对礼乐实践的具体要求。三苏蜀学认为，如果礼乐徒有其表而无"道"在其中，那么这样的礼乐就是虚假伪善的形式，即"夫无故而使之拜其君，无故而使之拜其父，无故而使之拜其兄，则天下之人将复嗤笑以为迂怪而不从"（《六经论·礼论》)③。这也就是苏洵所谓的"拜起坐立，礼之末也"（《六经论·礼论》)④。

蜀学美学讲求以礼乐显现"道"、由"末"彰显"本"，这样的礼乐才能真正发挥教化作用。但在具体的礼乐教化过程中，礼与乐的功能又有所差异。《礼记·乐记》所谓的"乐者为同，礼者为异。同则相亲，异则相敬"⑤ 正揭示出这一点。三苏蜀学美学基于此而认为，

---

① 苏辙. 苏辙集：第3册［M］. 北京：中华书局，1990：994.
② 何晏，注. 邢昺，疏. 论语注疏［M］//阮元，校刻. 十三经注疏：下册. 北京：中华书局，1980：2525.
③ 苏洵. 嘉祐集笺注［M］. 曾枣庄，金成礼，笺注. 上海：上海古籍出版社，1993：148.
④ 苏洵. 嘉祐集笺注［M］. 曾枣庄，金成礼，笺注. 上海：上海古籍出版社，1993：149.
⑤ 郑玄，注. 孔颖达，疏. 礼记正义［M］//阮元，校刻. 十三经注疏：下册. 北京：中华书局，1980：1529.

礼的确具有"有贵贱,有尊卑,有长幼,则人不相杀"(《六经论·易论》)① 的作用,但是,"礼之始作也,难而易行,既行也,易而难久"(《六经论·乐论》)②。因此,"礼"还必须求助于"乐"才能持久地发挥别贵贱、定尊卑的功能。苏洵曰:"雨,吾见其所以湿万物也;日,吾见其所以燥万物也;风,吾见其所以动万物也;隐隐鈜鈜而谓之雷者,彼何用也?阴凝而不散,物魇而不遂,雨之所不能湿,日之所不能燥,风之所不能动,雷一震焉而凝者散,魇者遂。曰雨者,曰日者,曰风者,以形用;曰雷者,以神用。用莫神于声,故圣人因声以为乐。为之君臣、父子、兄弟者,礼也。礼之所不及,而乐及焉。正声入乎耳,而人皆有事君、事父、事兄之心,则礼者固吾心之所有也,而圣人之说又何从而不信乎?"(《六经论·乐论》)③ 在苏洵看来,"礼"犹如"雨""日""风",它们的作用可为人所见、所感,而"乐"则如"雷",在刹那间以无形之势发挥着作用,"礼"以"形用","乐"以"神用"。虽然礼乐有别,但苏氏蜀学美学并非厚此薄彼,而是倡导礼乐相济,因为"乐"可直接影响人的"心",让人具有事君、事父、事兄之心而自然流露外化为事君、事父、事兄之具体行动("礼")。"乐"激发"礼"之心,"礼"是"心"之显现流行,礼乐相互配合才能让人言行一致、心手为一,礼乐才能持久地长存人间、发挥功用。正如马一浮先生所言:"礼是大序,乐是大和,合序与和,岂不是至美么?"④

① 苏洵. 嘉祐集笺注 [M]. 曾枣庄,金成礼,笺注. 上海:上海古籍出版社,1993:143.

② 苏洵. 嘉祐集笺注 [M]. 曾枣庄,金成礼,笺注. 上海:上海古籍出版社,1993:151.

③ 苏洵. 嘉祐集笺注 [M]. 曾枣庄,金成礼,笺注. 上海:上海古籍出版社,1993:152.

④ 马一浮. 泰和宜山会语 [M] //马一浮全集:第1册(上). 杭州:浙江古籍出版社,2013:19.

有学者认为："洛学从'礼'中看到了'敬'字，而蜀学则阐发古礼中重视人情的意旨。"① 的确，三苏说过："礼沿人情"（《论明堂神位状》）②、"六经之道，惟其近于人情"（《进论五首·诗论》）③。"人情"在蜀学之礼乐论中得到了重视与倡导，但这并不是蜀学礼乐论的旨趣。蜀学始终以"道"为本，以"道"统摄礼乐，蜀学美学倡导以形而下之礼乐彰显形而上之大道，这样才能真正让礼乐持久地发挥教化作用。所以，理学以"理"入礼，蜀学则以"道"入礼。

四、结语

三苏蜀学是北宋时期与王安石新学、二程洛学等并存鼎立的重要学派和学术思想，但它不像二程洛学那样排斥文艺创作、贬低感性审美。所以较之其他学术思想，三苏蜀学美学对宋代以及后世美学思想产生了更大的影响。三苏蜀学美学以"道"为本，文艺创作、审美情感、礼乐教化等皆统摄于"道"之下，"道"既是宇宙万物的本原，也是文艺、审美的哲学始基。三苏蜀学美学崇尚"情"，强调"情"在文艺创作中的重要作用，其实是为了艺术家在创作过程中进入自由的状态，从而让艺术品彰显大道之境。三苏蜀学美学虽将礼乐视作形而下之器，但"道"仍寓于其中，礼乐只要能够相济就可彰显"道"，那么，礼乐就能够持久地发挥教化作用并让人得"道"。要言之，以"道"为本、以"情"为尚、礼乐相济组成了三苏蜀学美学理论体系的基本架构。

---

① 叶平. 三苏蜀学思想研究 [M]. 郑州：河南大学出版社，2011：156－157.
② 苏辙. 苏辙集：第2册 [M]. 北京：中华书局，1990：670.
③ 苏辙. 苏辙集：第4册 [M]. 北京：中华书局，1990：1273.

第三节 三苏蜀学美学 （下）

中华酒文化的历史源远流长，我国先民在5000多年以前就已掌握了酿酒的技术，并且酒还渗透于人们生活的方方面面，正如朱肱《酒经》云："大哉，酒之于世也。礼天地，事鬼神，乡射之饮，鹿鸣之歌，宾主百拜，左右秩秩。上至缙绅，下逮闾里，诗人墨客，渔夫樵妇，无可以缺也。"① 个中缘由乃是酒不仅具有实用价值，它还具有精神价值。对于"诗人墨客"来说，酒的精神价值集中体现为"醉"，酒让人"醉"，"醉"让人消愁解脱、自然适意。而三苏正注意到了这一点，引"醉"入艺术与人生，将"醉"提升为一种即功夫即本体的蜀学美学范畴，并以此区别于荆公新学和二程洛学，成为宋代美学中一个独特的美学流派。

一、"醉笔得天全，宛宛天投蜺"

对于艺术创作、审美鉴赏等活动来说，情感总是贯穿于始终的，"美是情感变成有形"②。可见，"情"在艺术、审美活动中具有极其重要的作用。儒家美学也承认并且重视"情"在人们生活和艺术创作中的作用，但毫无节制的"情"会导致"过""淫"，故儒家美学倡导"发乎情，止乎礼义"（《毛诗序》)③，以对"情"进行限制而使之

---

① 朱肱. 酒经 [M] //中国古代酒文献辑录：第3册. 北京：全国图书馆文献缩微复制中心，2004：1-2.

② 鲍山葵. 美学三讲 [M]. 周煦良，译. 上海：上海译文出版社，1983：51.

③ 毛亨，传. 郑玄，笺. 孔颖达，疏. 毛诗正义 [M] //阮元，校刻. 十三经注疏：上册. 北京：中华书局，1980：272.

归于"正"。宋代荆公新学和二程洛学则沿此路径发展了儒家美学的情感理论。新学与洛学美学较为一致地认为"情"是"性"的一种状态，所以不必完全禁止和取消"情"，如"性者，情之本；情者，性之用"（《性情》）①；"只性为本，情是性之动处"（《河南程氏遗书·二先生语二上》）②。从本体论上讲，"性情一也"（《性情》）③。但同时，荆公新学认为："求性于君子，求情于小人"（《性情》）④；"动则当于理，则圣也，贤也；不当于理，则小人也"（《性情》）⑤。二程洛学也认为："人之情各有所蔽，故不能适道，大率患在于自私而用智"（《答横渠张子后先生书》）⑥；"情既炽而益荡，其性凿矣"（《颜子所好何学论》）⑦。因此，虽然"情"在新学、洛学中具有存在的空间，但是他们与传统儒家一样，更多地注意到"情"的负面影响而倡导"性其情"（《颜子所好何学论》）⑧。

三苏蜀学却与荆公新学、二程洛学明显不同。苏轼云："情者，性之动也。溯而上，至于命；沿而下，至于情，无非性者。性之与情，非有善恶之别也。方其散而有为，则谓之情耳。"（《苏氏易传·乾》）⑨ 所以，"不情者，君子之所甚恶也""然孔子不取者，以其不

---

① 王安石. 王安石文集 [M] //王安石全集：上册. 台北：河洛图书出版社，1974：134.

② 程颢，程颐. 二程集：上册 [M]. 北京：中华书局，1981：33.

③ 王安石. 王安石文集 [M] //王安石全集：上册. 台北：河洛图书出版社，1974：134.

④ 王安石. 王安石文集 [M] //王安石全集：上册. 台北：河洛图书出版社，1974：134.

⑤ 王安石. 王安石文集 [M] //王安石全集：上册. 台北：河洛图书出版社，1974：134.

⑥ 程颢，程颐. 二程集：上册 [M]. 北京：中华书局，1981：460.

⑦ 程颢，程颐. 二程集：上册 [M]. 北京：中华书局，1981：577.

⑧ 程颢，程颐. 二程集：上册 [M]. 北京：中华书局，1981：577.

⑨ 苏轼. 苏氏易传 [M] //曾枣庄，舒大刚. 三苏全书：第1册. 北京：语文出版社，2001：142-143.

情也"（《直不疑买金偿亡》）①。"情"在蜀学美学中并不是"恶"而是"性"的一种状态，具有存在的合理性，并且"极欢极戚而不违于道"（《栾城集·上两制诸公书》）②。也正由于此，蜀学美学才认为，艺术创作必须要重视"情"、运用"情"，如"夫昔之为文者，非能为之为工，乃不能不为之为工也。……而非勉强所为之文也"（《南行前集叙》）③。所谓"不能不为"就是情感充沛到了不得不进行创作的程度。在这种状态下，艺术创作不是"勉强所为"而是纯任性灵而发，艺术作品就是情感的外化。与新学、洛学限制"情"相反，蜀学美学尊情、尚情，这就为"醉"的艺术创作论奠定了坚实基础。

我们知道，"醉"是一种过度饮酒而产生的由生理到心理的变化和状态，它往往使人情感奋发、精神活跃。这一点正被蜀学美学所注意而将其引入了艺术创作领域。苏轼曰："仆醉后，乘兴辄作草书十数行，觉酒气拂拂，从十指间出也。"（《跋草书后》）④ 可见，"醉"在艺术创作过程中，就是一种情感的抒泄。苏轼还说："成都人蒲永升，嗜酒放浪，性与画会，始作活水，得二孙本意。"（《书蒲永升画后》）⑤ 醉酒使人放浪形骸，从而在自由的状态下，自我之"性"与绘画融合为一，让艺术作品达到"活"的境界。可以说，蜀学美学因"情"而重视、倡导"醉"，因为"醉"激发"情"，让人在"不能不为"的状态中进行艺术创作。因此，苏辙云："醉书大轴作歌诗，顷刻挥毫千万字。"（《饮饯王巩》）⑥

---

① 苏轼. 东坡志林［M］//曾枣庄，舒大刚. 三苏全书：第5册. 北京：语文出版社，2001：207－208.
② 苏辙. 苏辙集：第2册［M］. 北京：中华书局，1990：387.
③ 苏轼. 南行前集序［M］//苏轼全集：中册. 上海：上海古籍出版社，2003：857.
④ 苏轼. 东坡志林［M］//曾枣庄，舒大刚. 三苏全书：第5册. 北京：语文出版社，2001：237.
⑤ 苏轼. 苏东坡全集：上册［M］. 上海：世界书局，1936：303.
⑥ 苏辙. 苏辙集：第1册［M］. 北京：中华书局，1990：134.

　　"醉"触发充沛的情感，从而使艺术家在亢奋的状态下瞬间地、毫不黏滞地进行艺术创作。而这种瞬间而成的艺术创作必然要超越技法。苏辙诗曰："醉吟挥弄清潮水，谁信从前戒律人。"（《张惕山人即昔所谓惠思师也余旧识之于京师忽来相访茫然不复省徐自言其故戏作二小诗赠之》）① "戒律"就是规则、技法，"戒律人"就是恪守法则、墨守成规之人。在苏辙看来，"醉"正是对"戒律"的否定，对艺术创作技法的超越。有学者认为："洛党、蜀党是旧党豪贵内部依地域势力结合而相互倾轧的集团"，而"洛学与蜀学之争是洛蜀党争的反映"。② 因此，蜀学自然烙上了地域文化（即巴蜀文化）的印迹。巴蜀文化，自汉代以降，就不断受到道家哲学的影响，蜀中学人大多重视吸收老庄哲学。《老子》所谓的"道法自然"③、《庄子》中的"庖丁解牛"④ 等寓言，无不蕴含着"无法之法"的美学思想。三苏蜀学美学也正是在吸收老庄"无法之法"论的基础上，倡导艺术创作应冲破技法的束缚。苏洵曾对何谓"天下之至文"的问题进行了论述："'风行水上涣。'此亦天下之至文也。然而此二物者岂有求乎文哉？无意乎相求，不期而相遭，而文生焉。是其为文也，非水之文也，非风之文也，二物者非能为文，而不能不为文也。物之相使而文出于其间也，故曰：此天下之至文也。"（《杂文·仲兄字文甫说》）⑤ 可见，天下之至文不是刻意创作而成的"文"，而是犹如风与水相接触而自然形成的"文"，这是一种"无意乎相求""不期而相遭"之"文"。此"文"不待技法、规则而通向老庄之"自然""大道"。

① 苏辙. 苏辙集：第1册 [M]. 北京：中华书局，1990：270.

② 侯外庐. 中国思想史纲：上册 [M]. 北京：中国青年出版社，1963：294－295.

③ 王弼，注. 老子道德经注校释 [M]. 楼宇烈，校释. 北京：中华书局，2008：64.

④ 郭庆藩. 庄子集释：上册 [M]. 北京：中华书局，2004：119.

⑤ 苏洵. 嘉祐集笺注 [M]. 曾枣庄，金成礼，笺注. 上海：上海古籍出版社，1993：412－413.

"醉"正满足了这种"无意相求""不期相遭"的要求。苏轼《题醉草》曰:"吾醉后能作大草,醒后自以为不及。"① 日本学者平山观月曾用"蜿蜒跌宕似无意而为"来评论王羲之的草书。② 而"蜿蜒跌宕似无意而为"正说明了草书的创作需要超越有限的技法而"无意"为之。苏轼所谓"醉"能作大草,而"醒"却不及。可见,蜀学美学之"醉"与"醒"正对应着无法与有法,"醉"就是对技法的超越,是一种无意为之的无法之法。三苏钟情于"醉笔"③"醉墨"④ 的原因正在于此。要言之,三苏蜀学美学不像荆公新学、二程洛学那样倡导"去情却欲"(《礼乐论》)⑤、"性其情"(《颜子所好何学论》)⑥,而是以"醉"触"情"进行超越技法的自由创作,让艺术创作真正成为解放自我、彰显个性的活动。因此,在蜀学美学中,"醉笔"可以"得天全"⑦,"醉语"可以"出天真"⑧。

二、"醉中身已忘,万事随亦毁"

蜀学是一种儒学,但它是融合了佛道等思想的儒学,所以我们认为,蜀学具有"融合三教、融贯博通、重经学、积极进取不因循守旧

① 苏轼. 苏轼文集:第3册 [M] //曾枣庄, 舒大刚. 三苏全书:第13册. 北京:语文出版社, 2001:615.
② 平山观月. 书法艺术学 [M]. 喻建十, 译. 成都:四川人民出版社, 2008:86.
③ 苏轼. 苏轼文集:第4册 [M] //曾枣庄, 舒大刚. 三苏全书:第14册. 北京:语文出版社, 2001:95.
④ 苏辙. 苏辙集:第1册 [M]. 北京:中华书局, 1990:47.
⑤ 王安石. 王安石文集 [M] //王安石全集:上册. 台北:河洛图书出版社, 1974:123.
⑥ 程颢, 程颐. 二程集:上册 [M]. 北京:中华书局, 1981:577.
⑦ 苏轼. 苏轼诗集:第4册 [M] //曾枣庄, 舒大刚. 三苏全书:第9册. 北京:语文出版社, 2001:175.
⑧ 苏轼. 苏轼诗集:第1册 [M] //曾枣庄, 舒大刚. 三苏全书:第6册. 北京:语文出版社, 2001:525.

等鲜明特色"①。而蜀学美学同样具有"融合三教"的鲜明特色，不过在三苏的政治人生道路上，以儒家思想为主，而在艺术审美方面，佛老思想的影响则是主要的。② 道家以出世的态度面对世间的人事，认为世间事物遮蔽人的真性、限制人的自由，所以他们欲超越当下、回复到原生性的社会中。而佛教则以遁世的态度观照尘世，它认为尘世的一切皆虚幻不实、潜流变动，所以佛教在"空"万法的基础上，实现解脱、证得涅槃。佛道二教虽然有所差异，但他们较为一致地否定或超越当下的尘世而进入他们自己设想的自由之境。蜀学美学中的"醉"正是这样一种否定或超越。在艺术美学中，"醉"是对技法的超越，而在人生美学中，"醉"成为对世间忧愁烦恼的超越，如"我醉歌时君和，醉倒须君扶我，惟酒可忘忧"（《水调歌头》)③；"醉后胸中百无有，偃然啸傲倾朋曹"（《栾城集·次韵赵至节推首夏》)④。可见，蜀学美学之"醉"不只是一种艺术创作方法，还是一种人生的修为。

对于占据北宋主导地位的荆公新学来说，人生的修为主要是"思"。王安石《洪范传》曰："五事：一曰貌，二曰言，三曰视，四曰听，五曰思。貌曰恭，言曰从，视曰明，听曰聪，思曰睿。……五事，以思为主。……思者，事之所成终而所成始也，思所以作圣也。"⑤ 这就是荆公新学"以思为主"的修为之法。虽然，貌言视听

---

① 蔡方鹿. 北宋蜀学三教融合的思想倾向 [J]. 江南大学学报（人文社会科学版），2011（3)：12 - 17、33.

② 王世德. 儒道佛美学的融合：苏轼文艺美学思想研究 [M]. 重庆：重庆出版社，1993：37 - 38.

③ 苏轼. 苏轼词集 [M] //曾枣庄，舒大刚. 三苏全书：第10册. 北京：语文出版社，2001：265.

④ 苏辙. 苏辙集：第1册 [M]. 北京：中华书局，1990：94.

⑤ 王安石. 王安石文集 [M] //王安石全集：上册. 台北：河洛图书出版社，1974：110.

要以"思"为主、由"思"来统摄，但其中最为根本的乃是人的思想言行要符合"礼"。所谓"以思为主"是让人发自内心地遵从"礼"，让人自愿地按"礼"行事。而三苏蜀学却与此大异其趣。苏辙云："醉中身已忘，万事随亦毁。此心不应然，外物妄使尔。"（《次韵子瞻和渊明饮酒二十首》）① 可见，"醉"让人忘却自"身"。而"身"都已经忘却了，身之视听言貌符不符合"礼"就更加无意义了。苏轼也说："得酒未举杯，丧我固忘尔。"（《和陶饮酒二十首》）② 庄子美学中有"吾丧我"（《庄子·齐物论》）③ 的理论。"吾"与"我"是两种不同的生存方式，"我"是对待之我、欲望之我，"吾"是真我、道之我。"吾丧我"就是要消除对待分别和欲望之心。蜀学美学认为"醉"可助"丧我"，这其实是说，"醉"让人消除思想中的分别、荡去心灵中的欲望，从而实现自我的本真存在方式。苏轼《记焦山长老答问》十分形象地讲述了这种本真之"醉"："东坡居士醉后单衫游招隐，既醒，着衫而归，问大众云：'适来醉汉向甚处去？'众无答。明日举以问焦山。焦山叉手而立。"④ 不知向哪里去了的"醉汉"就是"我"，"醉"中的苏轼丧去了"我"，从而实现了本真之"吾"。

如果说荆公新学以"思"为主是强调修身应符合"礼"，那么，二程洛学以"敬"为工夫则是强调修身应主于"理"，即"涵养须用敬"⑤、"入道以敬为本"⑥。程颐曰："所谓敬者，主一之谓敬；所谓一者，无适之谓一。且欲涵泳主一之义，一则无二三矣。"（《河南程

① 苏辙. 苏辙集：第3册 ［M］. 北京：中华书局，1990：878.
② 苏轼. 苏轼诗集：第4册 ［M］//曾枣庄，舒大刚. 三苏全书：第9册. 北京：语文出版社，2001：48.
③ 郭庆藩. 庄子集释：上册 ［M］. 北京：中华书局，2004：45.
④ 苏轼. 苏轼文集：第5册 ［M］//曾枣庄，舒大刚. 三苏全书：第15册. 北京：语文出版社，2001：72.
⑤ 程颢，程颐. 二程集：上册 ［M］. 北京：中华书局，1981：188.
⑥ 程颢，程颐. 二程集：下册 ［M］. 北京：中华书局，1981：1183.

氏遗书·伊川先生语一》）①　"敬"就是"主一"，"一"则是"理"。所以，二程洛学以"敬"为工夫的理论其实是让人顺应、遵从天理。这是一种道德形而上学的要求，是一种"自我约束的方法"②。而蜀学美学却以"醉"冲破这种约束与束缚。苏轼诗云："醉中相与弃拘束，顾劝二子解带围。"（《二月十六日与张李二君游南溪醉后相与解衣濯足因咏韩公山石之慨然知其所以乐而忘其在数百年之外也次其韵》）③"弃拘束""解带围"就是庄子美学中"真画者"之"解衣般礴"④，即解开了功名利禄、仁义礼智的束缚。而蜀学美学之"醉"正与此相通，它让人解脱后、进入"法天贵真，不拘于俗"（《庄子·渔父》）⑤的境界。苏轼《论淳于髡》云："淳于髡一斗亦醉，一石亦醉。至于州闾之间，男女杂坐，几于劝矣，何讽之有？"⑥在苏轼看来，淳于髡之"醉"超越了一切伦理道德的束缚而自由地"于州闾之间，男女杂坐"。男女之间的隔阂已被"醉"所消解，他因"醉"而进入了一种混沌未开的大道之境。

　　总之，荆公新学、二程洛学分别以"思""敬"为工夫实现成圣入道的人生美学理想，而三苏蜀学美学却以"醉"为工夫冲破礼法、天理的束缚。所以，蜀学美学所谓的"醉时万虑一扫空，醒后纷纷如宿草"（《孔毅甫以诗戒饮酒问买田且乞墨竹次其韵》）⑦、"哀歌妙舞

---

①　程颢，程颐. 二程集：上册［M］. 北京：中华书局，1981：169.

②　蒙培元. 理学范畴系统［M］. 北京：人民出版社，1989：405.

③　苏轼. 苏轼诗集：第4册［M］//曾枣庄，舒大刚. 三苏全书：第9册. 北京：语文出版社，2001：468-469.

④　郭庆藩. 庄子集释：中册［M］. 北京：中华书局，2004：719.

⑤　郭庆藩. 庄子集释：下册［M］. 北京：中华书局，2004：1032.

⑥　苏轼. 仇池笔记［M］//曾枣庄，舒大刚. 三苏全书：第5册. 北京：语文出版社，2001：338.

⑦　苏轼. 苏轼诗集：第3册［M］//曾枣庄，舒大刚. 三苏全书：第8册. 北京：语文出版社，2001：164-165.

奉清觞，白日一醉万事忘"（《王诜都尉宝绘堂词》）① 等皆说明，
"醉"是一种人生修为之法，它让人去除功利欲望的束缚，最终实现
人生美学意义上的"旷然天真"（《与言上人》）②。

三、"天地一醉，万物同归"

人是时间性的存在，在时间之中，人的生命总是有限、暂时的。
但人并不满足于此，总是在冲破有限、追求无限。这也体现在中国古
典美学之中："中国古代艺术家都在审美活动中追求天人合一的境界，
也就是把个体生命投入宇宙的大生命（'道'、'气'、'太和'）之中，
从而超越个体生命存在的有限性和暂时性。"③ 而蜀学美学之"醉"
正反映出这一"超越性"。蜀学美学中的"醉笔得天全""醉中身已
忘"分别代表了艺术创作和个人修为之"醉"，但蜀学美学并未就此
止步，它还追求一种"天人合一"的超越之"醉"，即天地之醉。前
两者是工夫，后者为本体。

在蜀学中，形上之道与形下之器是一而二、二而一的，如"道，
万物之宗也。万物，道之末也"（《道德真经注·道常无名章》）④；
"盖道无所不在，其于人为性"（《道德真经注·载营魄》）⑤。包括人
在内的万物皆以"道"为宗，是"道"的一种存在方式，它们并不彼

① 苏辙. 苏辙集：第1册［M］. 北京：中华书局，1990：127.
② 苏轼. 苏轼文集：第3册//曾枣庄，舒大刚. 三苏全书：第13册. 北京：语文出版社，2001：357.
③ 叶朗. 现代美学体系［M］. 北京：北京大学出版社，1999：212.
④ 苏辙. 道德真经注［M］//道藏：第12册. 北京：文物出版社，上海：上海书店，天津：天津古籍出版社，1988：305.
⑤ 苏辙. 道德真经注［M］//道藏：第12册. 北京：文物出版社，上海：上海书店，天津：天津古籍出版社，1988：294.

此分离。所以，苏轼云："天人有相通之道。"（《周书·洪范》）① 但是，"天人相通"仅具有可然性而非必然，即并非所有人都能与天相通。那么，什么人才能与天相通呢？蜀学认为："惟达者为能默然而心通也"（《周书·洪范》）②；"夫惟达人知性之无坏而身之非实，忽然忘身，而天下之患尽去，然后可以涉世而无累矣"（《道德真经注·宠辱》）③。所以，只有"达人"才能与天相通，只有修炼到了"达"的境界才能天人合一。

东晋葛洪曰："顺通塞而一情，任性命而不滞者，达人也。"（《抱朴子外篇·行品》）④ "达人"就是不为世累、自然逍遥、淡然无为之人，"达"的境界就是庄子美学中的"神全"之境。《庄子·达生》曰："夫醉者之坠车，虽疾不死。骨节与人同，而犯害与人异，其神全也，乘亦不知也，坠亦不知也，死生惊惧不入乎其胸中，是故逆物而不慑。彼得全于酒而犹若是，而况得全于天乎！圣人藏于天，故莫之能伤也。"⑤ "神全"乃其神"全于天"也，即人复归于"道"。而"醉"让人无欲无求、忘却生死、让人复归于天，这与"道"相通，所以"醉者"即"神全"者，他可以超越有限、进入无限，"坠车"而"不死"。申言之，"达人"即"神全"之人，"神全"之人即"醉者"，"醉"就是一种"达"、一种天人合一之境界。苏轼吸收了这种

---

① 苏轼. 东坡书传：第 2 册 ［M］//曾枣庄，舒大刚. 三苏全书：第 2 册. 北京：语文出版社，2001：75.

② 苏轼. 东坡书传：第 2 册 ［M］//曾枣庄，舒大刚. 三苏全书：第 2 册. 北京：语文出版社，2001：75.

③ 苏辙. 道德真经注 ［M］//道藏：第 12 册. 北京：文物出版社，上海：上海书店，天津：天津古籍出版社，1988：295.

④ 杨明照. 抱朴子外篇校笺：上册 ［M］. 北京：中华书局，1991：535.

⑤ 郭庆藩. 庄子集释：中册 ［M］. 北京：中华书局，2004：636.

庄学思想而认为："有如醉且坠，幸未伤即醒。"（《颍州初别子由二首》）① 另外，他还进一步说："醉眠草棘间，虫虺莫予毒"（《和王晋卿》）②；"虎不食醉人，必坐守之，以俟其醒"（《书孟德传后》）③。可见，蜀学美学之"醉"不仅能让人像庄子美学中的"神全"之人那样"坠而不死"，还可让虫蛇虎豹不能来加害。

"醉"可让人"神全"而"达"，防止肉体生命受到伤害，此外，它还可以让人的精神超越有限进入无限，在精神境界上获得自由。《老子》第二十章曰："我愚人之心，纯纯。"④ "愚"相对于聪明、知识，"纯纯"即"沌沌"，象征着道之混沌状态。所以，"愚"就是对知识、聪明的超越而获得那"大制不割"（《老子》第二十八章)⑤ 的浑全之道。苏辙曰："颓然一醉，终日如愚。"（《自写真赞》)⑥ "醉"即"愚"，它是超越了功名利禄、善恶美丑的无分别状态。苏轼曰："醉中不以鼻饮，梦中不以趾捉，天机之所合，不强而自记也。居士之在山也，不留于一物，故其神与万物交，其智与百工通。……吾尝见居士作华严相，皆以意造，而与佛合。"（《书李伯时山庄图后》)⑦ "醉"是一种无区分的心境，既然没有了区分，那么万物齐一、贵贱不存，自然不会"留于一物"。在这种状态下，人才能见出自我与万物之本真，达到"神与万物交""智与白工通""与佛合"的境界，

① 苏轼. 苏轼诗集：第1册［M］//曾枣庄，舒大刚. 三苏全书：第6册. 北京：语文出版社，2001：514.

② 苏轼. 苏轼诗集：第3册［M］//曾枣庄，舒大刚. 三苏全书：第8册. 北京：语文出版社，2001：406.

③ 苏轼. 苏轼文集：第3册［M］//曾枣庄，舒大刚. 三苏全书：第13册. 北京：语文出版社，2001：485.

④ 朱谦之. 老子校释［M］. 北京：中华书局，1984：82.

⑤ 王弼，注. 老子道德经注校释［M］. 楼宇烈，校释. 北京：中华书局，2008：74.

⑥ 苏辙. 苏辙集：第3册［M］. 北京：中华书局，1990：945.

⑦ 苏轼. 苏轼文集：第4册［M］//曾枣庄，舒大刚. 三苏全书：第14册. 北京：语文出版社，2001：68.

让人的精神进入了永恒。

　　"醉"让人身心皆"全"，使"人之天"复归"天之天"，在"成己"与"成物"之间消除物我间的隔阂、彰显生命的本真，正如苏轼在《醉白棠记》中云："方其寓形于一醉也，齐得丧、忘祸福、混贵贱、等贤愚，同乎万物，而与造物者游。"① 此时，万物不是与我分离、对待的客体，不是为认识、功利而存在的对象，而是与我生命息息相关的另一"主体"，物我之间是一种主体与主体之间的关系，即主体间性。苏洵曰："开樽自献酬，竟日成野醉。青莎可为席，白石可为几。"（《藤樽》）② 苏轼亦云："醉中走上黄茅冈，满冈乱石如群羊。冈头醉倒石作床，仰看白云天茫茫。"（《登云龙山》）③ 在"醉"之中，天地成为人的屋宇、万物成为人的衣裳。这也就是庄子美学所追求的那种"天地与我并生，而万物与我为一"（《庄子·齐物论》）④的境界。要言之，蜀学美学中的"醉"不只是工夫，它本身还是一种境界，是一种"神全""通达"的本体之境。苏轼引《祭曼卿文》曰："天地一醉，万物同归。"（《书石曼卿诗笔后》）⑤ "醉"让万物归于"道"，这种天地之"醉"就是人与万物融合为一的天地境界。

　　① 苏轼. 苏轼文集：第4册 [M] //曾枣庄，舒大刚. 三苏全书：第14册. 北京：语文出版社，2001：476.

　　② 苏洵. 嘉祐集笺注 [M]. 曾枣庄，金成礼，笺注. 上海：上海古籍出版社，1993：470.

　　③ 苏轼. 苏轼诗集：第2册 [M] //曾枣庄，舒大刚. 三苏全书：第7册. 北京：语文出版社，2001：477.

　　④ 郭庆藩. 庄子集释：上册 [M]. 北京：中华书局，2004：79.

　　⑤ 苏轼. 苏轼文集：第3册 [M] //曾枣庄，舒大刚. 三苏全书：第13册. 北京：语文出版社，2001：591.

四、结语

有学者认为，唐型文化是一种相对开放、相对外倾、色调热烈的文化类型，宋型文化则是一种相对封闭、相对内倾、色调淡雅的文化类型，中唐以后，中国文化正出现了一个由唐型文化转向宋型文化的大流转。[①] 此说大体正确。以美学观之，荆公新学、二程洛学美学以"性"为重的性情论以及以"思""敬"为主的工夫论等都能说明一种宋型文化的相对"封闭""内倾"特色。但当我们将宋代蜀学美学纳入其中加以考察时，却还有继续探讨的空间。一方面，蜀学美学以"醉"为艺术创作方法，倡导艺术创作应该冲破技法、自然而然、任性而发，从而彰显出"天全""天真"的审美风格；另一方面，蜀学美学以"醉"为人生的修为方法，强调它能使人"忘"的功效，在忘却烦恼、焦虑之中，使人达到"旷然天真"的审美境界。虽然，前者属于艺术创作论，后者属于人生修为论，但两者都是工夫论。而蜀学美学之"醉"不仅是工夫，它还是本体，通向了天人合一、天人相通的大道之境、存在之域。这种即工夫即本体的蜀学美学之"醉"并非是在礼教束缚下的创作、修为，它指向的也不是去人欲而穷天理的道德形而上学，而是否定、超越现实中种种束缚的真正自由的天人合一境界，它彰显出狂放、浓烈、自由的特色。所以，虽然三苏蜀学不像荆公新学、二程洛学（或理学）向后成为两宋思想界的主流，但在美学领域中，三苏蜀学则发挥着更为重要和独特的作用与影响，如后世逐步兴起的文人画及其审美旨趣和明代以"醉"作草书的理论与实践都不能说没有受到三苏蜀学美学的影响、启发与刺激。总之，自由、

---

① 冯天瑜，何晓明，周积明. 中国文化史［M］. 上海：上海人民出版社，1990：634.

狂放、浓烈而非封闭、内倾、色调淡雅的蜀学美学不仅是巴蜀美学发展史上的重要一环，还是宋代美学乃至整个中国美学中的一个独特流派。

第四节　魏了翁与南宋蜀学美学

南宋前中期是宋代蜀学的转型与鼎盛时期，张栻、魏了翁等人正是这一时期的中坚力量，实现了蜀学由苏学向理学的转型，推动了蜀学走向鼎盛。如果说张栻完成了蜀学由苏学向理学的转型[①]，那么，魏了翁则在张栻的基础上融通朱陆，将蜀学推向鼎盛。这也使魏了翁的蜀学美学思想有别于"三苏"，呈现出自身的特点。

一、"大哉心乎"：魏了翁蜀学美学本体论

"三苏"蜀学是与宋代理学不同的另一种学术思想。从本体论上看，"三苏"不同于张载的"气"论，也不同于二程的"理"学，"三苏"提出宇宙万物的本体乃是"道"，如苏辙云："道，万物之宗也。万物，道之末也。"（《道德真经注·道常无名章》）[②] 魏了翁所处的时代是二程洛学已经解禁并且自由传播、达到兴盛的时代，再加上魏了翁本人又通过建立书院、教授门生而大力倡导和宣扬程朱理学。所以，魏了翁的蜀学思想又不同于"三苏"，而着上了浓厚的理学

---

① 胡昭曦，刘复生，粟品孝. 宋代蜀学研究［M］. 成都：巴蜀书社，1997：142.

② 苏辙. 道德真经注［M］//道藏：第 12 册. 北京：文物出版社，上海：上海书店，天津：天津古籍出版社，1988：305.

色彩。

　　"理"是程朱理学的最高范畴和核心概念，程朱以"理"为宇宙万物的本体及生命。如二程曰："天下无实于理者。"（《河南程氏遗书·二先生语三》）① 朱熹曰："未有天地之先，毕竟也只是理。有此理，便有此天地；若无此理，便亦无天地，无人无物，都无该载了！"（《朱子语类·太极天地上》）② 魏了翁正韶承了程朱理学的这一思想，他说：

　　　　理者，太虚之实义；数者，太虚之定分。名形之初，因理而有数，因数而有象；既形之后，因象以推数，因数以推理。（《答荆门张佥判》）③

　　"理"是宇宙之本源（"太虚"）的真实内涵，形而下之"形""象"都由"理"所派生，"理"就是本体。同时，魏了翁还说："身与天地万物一体也……盈天地间夫孰非是理也？"（《观亭记》）④ 可见，"理"并不游离于万物之外，而就寓于万物之中。当"理"落实在人身上时就为"性"："是理也，行乎气之先，而人得之以为性云耳。"（《全州清湘书院率性堂记》）⑤ 简言之，魏了翁提出的"理"与程朱理学之"理"相一致，是宇宙万物的本体，寓于万物之中，落实到人身就为"性"。但值得注意的是，魏了翁虽"以理学思想为本"，

---

　　① 程颢，程颐. 二程集：上册［M］. 北京：中华书局，2004：66.
　　② 黎靖德. 朱子语类：第 1 册［M］. 北京：中华书局，1986：1.
　　③ 魏了翁. 鹤山集：第 1 册［M］//景印文渊阁四库全书：第 1172 册. 台北：台湾商务印书馆，1986：394.
　　④ 魏了翁. 鹤山集：第 1 册［M］//景印文渊阁四库全书：第 1172 册. 台北：台湾商务印书馆，1986：571.
　　⑤ 魏了翁. 鹤山集：第 1 册［M］//景印文渊阁四库全书：第 1172 册. 台北：台湾商务印书馆，1986：538.

但"与张栻之学相比，魏了翁的心学倾向更为明显"①。所以魏了翁在探讨本体论问题时，"心"的出场次数远远多过"理"。

魏了翁曰："心焉者，理之会而气之帅，贯通古今，错综人物，莫不由之。"（《程纯公杨忠襄公祠堂记》）② 这就使"理""气"都统摄于"心"之下，"心"才是最根本和最核心的范畴。魏了翁又曰："心者，人之太极，而人心又为天地之太极，以主两仪，以命万物，不越诸此。"（《论人主之心义理所安是之谓天》）③ 在魏了翁看来，"心"是人之太极（即"性"），而"人心"又是天地之太极、阴阳万物之主宰。这就明确树立了"心"的本体地位。"心"是宇宙万物的本体，它主宰宇宙万物，同时，"心"还是宇宙万物存在之根据，万物皆由之而出，如"心之昭昭，可以建诸天地、质诸鬼神者……"（《湘乡县褚公洗笔池记》）④ 此外，"心"还是道德形而上学的概念，魏了翁曰："心者，人之神明，其于是非邪正之辨，较若白黑，不容以自欺。……凡以事其心焉耳矣，事其心则事天也。"（《罗文恭公奏议序》）⑤ 可见，"心"一方面如同"天理"一样，是善恶是非的衡量标准；另一方面，它本身就是至善、纯善，因为"心"即"天""理"。因此，从整体上看，魏了翁的蜀学应该是一种"心本体"的哲学，所谓"天地是我去做，五行、五气都在我一念间"（《师友雅言

---

① 蔡方鹿. 魏了翁与宋代蜀学 [J]. 社会科学研究，1992（6）：102－106.

② 魏了翁. 鹤山集：第 1 册 [M] //景印文渊阁四库全书：第 1172 册. 台北：台湾商务印书馆，1986：525－526.

③ 魏了翁. 鹤山集：第 1 册 [M] //景印文渊阁四库全书：第 1172 册. 台北：台湾商务印书馆，1986：209.

④ 魏了翁. 鹤山集：第 1 册 [M] //景印文渊阁四库全书：第 1172 册. 台北：台湾商务印书馆，1986：555.

⑤ 魏了翁. 鹤山集：第 1 册 [M] //景印文渊阁四库全书：第 1172 册. 台北：台湾商务印书馆，1986：614.

下》）① 正恰当地揭示出这一点。

"心"是魏了翁蜀学的本体范畴，同时，"心"也是其美学的本体范畴。魏了翁曰："大哉心乎！出入造化，进退古今，皆我所得为。"（《游景仁弘毅堂铭》）② "大"不是大小之大，而是超越之大。《孟子·尽心下》曰："充实之谓美，充实而有光辉之谓大。"③ "大"是对美的超越，它超越了美的外观而充斥着纯善的内涵、闪耀着至善的光芒，"大"就是"一种雄壮、崇高与阳刚之美"④。因此，在魏了翁看来，"心"就是一种充满道德内涵、闪耀崇高光芒的"大美"，是美的本体，也是其蜀学美学思想的哲学始基。

二、"音是人心生"：魏了翁蜀学思想中的艺术发生论

"性""情"问题历来是儒家哲学、美学所关注的重要问题。《荀子·正名》曰："性者，天之就也；情者，性之质也；欲者，情之应也。"⑤《礼记·乐记》曰："人生而静，天之性也；感于物而动，性之欲也。"⑥ 这其实暗含着儒家美学扬"性"抑"情"的倾向。到宋代新儒家那里，这种倾向就更加明显了。二程曰："情既炽而益荡，其性凿矣。"（《颜子所好何学论》）⑦ 朱熹曰："性才发，便是情。情

---

① 魏了翁. 鹤山集：第2册［M］//景印文渊阁四库全书：第1173册. 台北：台湾商务印书馆，1986：603.
② 魏了翁. 鹤山集：第1册［M］//景印文渊阁四库全书：第1172册. 台北：台湾商务印书馆，1986：631.
③ 赵岐，注. 孙奭，疏. 孟子注疏［M］//阮元，校刻. 十三经注疏：下册. 北京：中华书局，1980：2775.
④ 冯沪祥. 中国古代美学思想［M］. 台北：台湾学生书局，1990：68.
⑤ 王先谦. 荀子集解［M］. 北京：中华书局，1988：428.
⑥ 郑玄，注. 孔颖达，疏. 礼记正义［M］//阮元，校刻. 十三经注疏：下册. 北京：中华书局，1980：1529.
⑦ 程颢，程颐. 二程集：上册［M］. 北京：中华书局，2004：577.

有善恶，性则全善。"（《朱子语类·性理二》）① 从总体上看，宋儒也扬"性"抑"情"，倡导"性其情"②。但从美学上看，尤其在涉及艺术发生、产生的问题时，儒家美学还是为"情"留下了生存的空间。《荀子·乐论》曰："夫乐者，乐也，人情之所必不免也，故人不能无乐。"③《礼记·乐记》曰："凡音者，生人心者也。情动于中，故形于声。声成文，谓之音。"④ 可见，艺术的发生是因"情"而起的。朱熹也认为："人生而静，天之性也；感于物而动，性之欲也。夫既有欲矣，则不能无思；既有思矣，则不能无言；既有言矣，则言之所不能尽，而发于咨嗟咏叹之馀者，必有自然之音响节族而不能已焉。此《诗》之所以作也。"（《诗集传序》）⑤ 质言之，艺术因"情"而发生、创作，"情"是艺术发生之基元。

魏了翁蜀学思想中的艺术发生论与先秦儒家、宋代新儒家的观点相一致。一方面，他视"情"为"性之欲"而认为："喜怒哀乐，臭味声色，虽感而动，乃性之欲。"（《莆田陈师道克斋铭》）⑥ 另一方面，他又肯定"情"在艺术发生方面的作用，如：

> 刘师携琴来，自言有术驱雷霆。闻之辴然笑，人心未动谁为声？阳居阴位阳行逆，日循阳度日数赢。必尝凝聚乃奋击，不有降施谁升腾？刘师携琴来，为我鼓，一再行。若知雷霆起处起，便知音是人心生。（《赠造琴道士刘发云，刘亦

---

① 黎靖德. 朱子语类：第1册［M］. 北京：中华书局，1986：90.
② 程颢，程颐. 二程集：上册［M］. 北京：中华书局，2004：577.
③ 王先谦. 荀子集解：下册［M］. 北京：中华书局，1988：379.
④ 郑玄，注. 孔颖达，疏. 礼记正义［M］//阮元，校刻. 十三经注疏：下册. 北京：中华书局，1980：1527.
⑤ 朱熹. 诗集传［M］. 北京：中华书局，2011：1.
⑥ 魏了翁. 鹤山集：第1册［M］//景印文渊阁四库全书：第1172册. 台北：台湾商务印书馆，1986：636.

解致雷》)①

魏了翁提出"音是人心生"的命题具有两层含义。第一,"人心"是宇宙之太极,是万物存在之依据,所以"人心"自然也是艺术("音")之本、存在之基。但是艺术有了存在之基础与依据,并不等于已经发生,因为魏了翁认为:"诗之为言,承也,情动于中而言以承之。"(《注黄诗外集序》)② 而"心"即"性","性"即"静",艺术的发生还需要"情"来实现与完成。这是第二层含义。因此,魏了翁曰:"人心未动谁为声?""人心未动"即"性","人心已动"即"情",艺术虽以"心"(本体之心)为存在之基,但艺术的发生却是情感的作用与外化。这其实是对《乐记》"凡音之起,由人心生也"③的传承。

魏了翁认为"音是人心生""人心未动谁为声"(《赠造琴道士刘发云,刘亦解致雷》)④,这揭示出情感在艺术发生过程中的作用。而情感又是怎样产生的呢?他说:"可喜可怒,在物而不在我。"(《均州尹公亭记》)⑤ 这与《乐记》所谓的"人心之动,物使之然也"⑥ 相通,即情感是由外物刺激人心而产生的。所以,在魏了翁的蜀学美学中,艺术是由外物刺激人心而产生一定的情感,再由情感促使、推动

---

① 魏了翁. 渠阳集 [M]. 长沙:岳麓书社,2012:10.
② 魏了翁. 鹤山集:第1册 [M] //景印文渊阁四库全书:第1172册. 台北:台湾商务印书馆,1986:624.
③ 郑玄,注. 孔颖达,疏. 礼记正义 [M] //阮元,校刻. 十三经注疏:下册. 北京:中华书局,1980:1527.
④ 魏了翁. 渠阳集 [M]. 长沙:岳麓书社,2012:10.
⑤ 魏了翁. 鹤山集:第1册 [M] //景印文渊阁四库全书:第1172册. 台北:台湾商务印书馆,1986:561.
⑥ 郑玄,注. 孔颖达,疏. 礼记正义 [M] //阮元,校刻. 十三经注疏:下册. 北京:中华书局,1980:1527.

人进行创作，最终实现情感的外化而成的，即"物"→"心"→
"情"→"音"。

艺术是由"人心"而生的，这不仅使"情"成为艺术发生的基
元，还让"情"成为艺术应该表现的重要内容。魏了翁曰："诗以吟
咏情性为主，不以声韵为工。"（《古郫徐君诗史字韵序》）① 相对于艺
术外在的声律形式来说，艺术的内在情感更为重要和根本。总之，魏
了翁揭示出"音是人心生"的艺术发生论原理，同时还强调情感在艺
术创作和表现中的作用和地位，这种观点是对"三苏"蜀学美学之
"尚情论"的继承与发展。

三、"扶植人心"：魏了翁蜀学思想中的艺术功能论

如前文所述，"情"是魏了翁所认为的艺术发生、创作的基元，
艺术也应该以抒发内在情感为主，即"诗以吟咏情性为主"（《古郫徐
君诗史字韵序》）②。但正如张文利所言："魏了翁的文学观是典型的
理学家文学观，他重道轻文，提倡温柔敦厚、雅淡平正的诗歌风
格。"③ 所以在魏了翁的思想中，"情"本质上还是一种欲望："喜怒
哀乐，臭味声色，虽感而动，乃性之欲。"（《莆田陈师道克斋铭》）④
这也使魏了翁在承认"情"在艺术发生和创作中的重要作用的同时，
更加注重和宣扬艺术的道德教化功能，即"独以区区之笔舌，扶植人

---

① 魏了翁. 鹤山集：第 1 册 ［M］//景印文渊阁四库全书：第 1172 册. 台北：台湾商
务印书馆，1986：587.
② 魏了翁. 鹤山集：第 1 册 ［M］//景印文渊阁四库全书：第 1172 册. 台北：台湾商
务印书馆，1986：587.
③ 张文利. 魏了翁文学研究 ［M］. 北京：中华书局，2008：51.
④ 魏了翁. 鹤山集：第 1 册 ［M］//景印文渊阁四库全书：第 1172 册. 台北：台湾商
务印书馆，1986：636.

心如汤君者，岂不益可尚哉"（《跋武连汤尉檄》）①。

在魏了翁看来，艺术的发生以"情"为本，艺术也应以"吟咏情性"为主，但"情"毕竟是"性之欲"，而"徇欲而流，斯为蟊贼"（《莆田陈师道克斋铭》）②。所以，"情"不能是艺术及其创作的最终目的，艺术应该以道德教化为最终目的。魏了翁《均州尹公亭记》曰：

予惟古之人，先立乎其大者，大者立则小者达焉而已。语曰："行有余力，则以学文。"又曰："游于艺。"非以文艺为学之先也。夫使文艺之先而本之，则无是亦朝菌暮蕣焉耳。……然则即是一端，其真知笃行有本者若是，则世之以文艺知公者，末也。③

这就是魏了翁蜀学美学思想中的"有本"与"无本"之说。所谓"文艺之先而本之"就是，道德内容、教化功用是文艺创作的基本前提，文艺应以发挥道德教化功能为"本"。魏了翁曰："诗乎诗乎，可以观德，可以论世，而无本者能之乎?"（《陈正献公诗集序》）④ 这进一步说明"观德""论世"等道德教化功能是艺术之"本"，如果"本"被忽略了，仅以"以属词绘句为事"，则"去本益远"（《裴梦得

---

① 魏了翁. 鹤山集：第2册［M］//景印文渊阁四库全书：第1173册. 台北：台湾商务印书馆，1986：14.

② 魏了翁. 鹤山集：第1册［M］//景印文渊阁四库全书：第1172册. 台北：台湾商务印书馆，1986：636－637.

③ 魏了翁. 鹤山集：第1册［M］//景印文渊阁四库全书：第1172册. 台北：台湾商务印书馆，1986：561.

④ 魏了翁. 鹤山集：第1册［M］//景印文渊阁四库全书：第1172册. 台北：台湾商务印书馆，1986：605.

注〈欧阳公诗集〉序》）①。所以魏了翁认为，艺术创作必须以道德教化为"本"，此之谓"有本"，而作品的艺术性、审美性则属于"末"。

艺术必须"有本"，即具有道德内涵、发挥教化功用。"本"亦被魏了翁称为"大"，而艺术本身为"小"，所以，"先立乎其大者，大者立则小者达焉而已"（《均州尹公亭记》）②。基于此，魏了翁曰："古者门关、道路、庐馆、舟梁修除以时，非以为观美也，所以通国野，敬宾旅，恤老幼，迁有无，亦财成辅相之一端云尔。"（《宝庆府跃龙桥记》）③ 这就说明，艺术的真正功能不是"观美"（艺术性、审美性），而是"通国野""敬宾旅""恤老幼""迁有无"。这其实是对儒家美学所倡导的道德伦理主义美学观——"经夫妇、成孝敬、厚人伦、美教化、移风俗"（《毛诗序》）④ ——的传承，也与理学家的美学观——"文以载道"⑤"道之显者谓之文"⑥ ——相一致。

要言之，魏了翁虽从艺术发生、创作的角度肯定了"情"的重要作用，但对于艺术的功能来说，艺术必须要"有本"，即以道德教化为本，以艺术性、审美性为末，从而实现"扶植人心"的目的，否则艺术就是"去本益远"之"无本"。

---

① 魏了翁. 鹤山集：第1册［M］//景印文渊阁四库全书：第1172册. 台北：台湾商务印书馆，1986：606.
② 魏了翁. 鹤山集：第1册［M］//景印文渊阁四库全书：第1172册. 台北：台湾商务印书馆，1986：561.
③ 曾枣庄，刘琳. 全宋文：第310册［M］. 上海：上海辞书出版社，合肥：安徽教育出版社，2006：441.
④ 毛亨，传. 郑玄，笺. 孔颖达，疏. 毛诗正义［M］//阮元，校刻. 十三经注疏：上册. 北京：中华书局，1980：270.
⑤ 周敦颐. 周敦颐集［M］. 北京：中华书局，2009：35.
⑥ 朱熹. 四书章句集注［M］. 北京：中华书局，1983：110.

四、结语

　　漆侠先生在论述苏轼蜀学思想时说，苏轼"对老庄、对佛家亦留连不已，在不得志时往往这些思想占上风"，但是"苏轼亦熟读孔夫子的书，以儒学作为自己的主导思想"①。所以蜀学虽有"杂漫之学"② 的特色，但从本质上讲，蜀学还是属于儒学。这一点对于魏了翁的蜀学美学来说也十分适用。魏了翁一方面以"心"为宇宙万物（包括艺术和美）之本体，强调"情"在艺术发生、创作中的作用，重视艺术"扶植人心"的道德教化功用；另一方面，他还追求一种通向道家美学逍遥自由、寂寞玄淡的"无味之味"（《跋胡文靖公橄榄诗真迹》）③ 和"醉墨"（《跋丹渊墨竹诗帖》）④。但魏了翁的蜀学美学本质上是儒家美学，因为无论从对"心"之赞美，还是从对艺术教化功用的重视来看，魏了翁的美学主要以道德教化为中心，是一种契合于儒家美学的道德伦理教化主义的美学。总之，魏了翁的蜀学美学思想，虽未能超越"三苏"，但他以"心"为本、以"情"为基和倡导艺术"扶植人心"的道德教化功用，推动了蜀学美学在南宋的发展，使蜀学美学前后贯通。

---

① 漆侠. 宋学的发展和演变［M］. 石家庄：河北人民出版社，2002：506.
② 蒙文通. 议蜀学［M］//蒙文通全集：第1册. 成都：巴蜀书社，2015：229.
③ 魏了翁. 鹤山集：第2册［M］//景印文渊阁四库全书：第1173册. 台北：台湾商务印书馆，1986：24.
④ 魏了翁. 鹤山集：第2册［M］//景印文渊阁四库全书：第1173册. 台北：台湾商务印书馆，1986：21.

第五节　蒲道源与元代巴蜀美学精神

虽然从蒙古兵攻占南宋都城临安至蒙古统一全中国仅仅花了几年时间，但蒙古对宋域之巴蜀的战争却早在成吉思汗时代就已经开始，至巴蜀完全平定，断断续续经历了半个世纪之久（1227—1278）①。元人刘岳中曰："宋南渡，蜀被兵最甚，宋亡又甚。时丝枲织文之富，衣被天下，今不可复识矣，况衣冠礼乐之盛乎！"（《赠蒲学正序》)②可见，宋元之战，给巴蜀地区的政治、经济、文化等造成了持久而深重的灾难，这与两宋时期巴蜀的繁盛形成鲜明的对比。元代巴蜀美学自当不能例外，无论从美学家的数量还是美学思想的深度上看，都无法与两宋相媲美。即便如此，元代巴蜀还是出现了像蒲道源（1260—1336，今四川青神县人）这样的学者，他在巴蜀整体上处于衰败的时期继续推动巴蜀美学的前进和发展，提出了较有价值和深度的美学理论，成为元代巴蜀美学的主心骨。

一、"文质不可相胜"而"得中"

南宋中期以后，程朱理学的地位不断攀升，逐步成为元、明、清占统治地位的主流学术思想。在宋元之际，虽然蒙军长期用兵于巴蜀，使得巴蜀地区的思想、文化遭受到前所未有的打击，但在元朝统辖全

---

① 陈世松. 蒙古定蜀史稿 [M]. 成都：四川省社会科学院出版社，1985：112.
② 刘岳中. 申斋集 [M] //景印文渊阁四库全书：第1204册. 台北：台湾商务印书馆，1986：195.

川、安定时局后，便立即发展当地的文化教育事业，推崇和宣扬儒学，"到了元代中后期，四川各地兴建学校书院的情况也蔚然可观"①。在这种情形下，理学在巴蜀地区开始逐渐蔓延和发展。蒲道源的美学思想也由此烙上理学的印记，如其"文""质"观念。

早在先秦儒家美学中，"文"与"质"就是一对相辅相成的概念。孔子曰："质胜文则野，文胜质则史。文质彬彬，然后君子。"（《论语·雍也》）②"质"是人的内在品质，"文"指合于礼的修饰。前者是后者的内在根源，后者是前者的外化形式。在孔子看来，如果一个人仅有"质"而无"文"，他就显得粗野；如果一个人只有"文"而无"质"，则显得浮夸。唯有"文质彬彬"，即文质相互统一，他才能称得上是"君子"。蒲道源传承了儒家美学的这种文质观念，提出"文质不可相胜"（《庞士先字说》）③的命题。正如前文所述，理学在南宋以后逐步成为思想学术界的主流，因此，元代巴蜀地区的思想学术不能不受理学的影响和浸染。蒲道源之"文""质"观念也不能例外，他在《庞士先字说》中说：

> 盖质者，本也；文者，末也。有质然后文可得，而施人诚能以忠信为本，文之以礼乐，犹甘可受和，白可受采，则彬彬然斯为君子之归矣。④

---

① 陈世松. 四川通史：卷5·元明［M］. 成都：四川人民出版社，2010：411.
② 何晏，注. 邢昺，疏. 论语注疏［M］//阮元，校刻. 十三经注疏：下册. 北京：中华书局，1980：2479.
③ 蒲道源. 闲居丛稿［M］//景印文渊阁四库全书：第1210册. 台北：台湾商务印书馆，1986：737.
④ 蒲道源. 闲居丛稿［M］//景印文渊阁四库全书：第1210册. 台北：台湾商务印书馆，1986：737–738.

在蒲道源看来，"质"指内在的道德——忠信，"文"指外在的修饰——礼乐。与孔子"文质彬彬"不同的是，蒲道源明确提出"质者，本也；文者，末也"的观点，"君子"是在"质"的基础上加之以"文"的修饰，将"质"外化。这是蒲道源在吸收理学文道观念的基础上对先秦儒家美学的发展和创新，凸显出内在道德（"质"）的重要性和根本性。对于理学来说，"文"不具有独立存在的价值和意义，它只是"载道"的工具，如周敦颐曰："文所以载道也。……文辞，艺也；道德，实也。"（《通书·文辞》）① 更有甚者，直接否定"文"而宣扬"作文害道"（《河南程氏遗书·伊川先生语四》）② 的思想。因此，在"文""道"（"质"）关系中，"文"始终处于次要地位，它必须依存于"道"（"质"），有时甚至被直接排斥和否定。这就使蒲道源以"质"为本，以"文"为末，突破了先秦儒家美学所认为的文质是相辅相成的观点，而认为真正的"君子"是以"质"为本，"文"不过是"质"的外化。

虽然"质"是本，"文"是末，但蒲道源持有一种"道器不离"（《敬义堂铭》）③ 的哲学观。所以，他进一步说：

夫质胜则失于野，文胜则失于伪，二者不偏胜而得中，则彬彬然君子矣。……本以忠信笃敬，末以威仪辞章，本末两端，无过不及以成其德，所谓君子哉！ （《郑文质字说》）④

---

① 周敦颐. 周敦颐集 ［M］. 北京：中华书局，2009：35 – 36.
② 程颢，程颐. 二程集：上册 ［M］. 北京：中华书局，2004：239.
③ 蒲道源. 闲居丛稿 ［M］//景印文渊阁四库全书：第1210 册. 台北：台湾商务印书馆，1986：646.
④ 蒲道源. 闲居丛稿 ［M］//景印文渊阁四库全书：第1210 册. 台北：台湾商务印书馆，1986：736.

所谓"质胜则失于野，文胜则失于伪"基本是对孔子之文质观念的传承。但此外，蒲道源还将"得中"的概念引入其中。《中庸》曰："喜怒哀乐之未发，谓之中；发而皆中节，谓之和；中也者，天下之大本也；和也者，天下之达道也。"① 喜怒哀乐是"情"，未发之"情"是"性"，"性"是"天理"在人心上之落实。所以，"中"即"性""天理"，它是天下之"大本"，"得中"就是得"天理"。朱熹《中庸章句》曰："中者，不偏不倚、无过不及之名。"② 所以，人"得中"就是获得那宇宙之根本精神，对一切内外、文质、本末、道器等都无所偏执，内在的"忠信笃敬"和外在的"威仪辞章"毫无偏胜，人在"无过不及"之中成为真正的"君子"。所以，杜维明先生说："所谓'中'就是一个人绝对不受外在力量骚扰的心灵状态。"③

由此可见，蒲道源之文质观念，虽是对先秦儒家美学的继承，但也吸收了新儒家的思想，同时他并不局限于这两者。他的文质观念不是要说明内容与形式的关系，也不是以突显"质"的重要性和根本性为目标，而是通过文质关系的讨论，彰显他对人生境界的追求。"文质不可相胜"才能得"中"、得"天理"，让人成为"君子"，甚至成为"圣人"。蒲道源曰："惟圣人气质清明，纯粹不假，修为如良玉美珠，非尘泥所能污。"（《王克新字说》）④ 所以，"文质不可相胜"的真正目的是穷尽天理、由人复天，最终进入"天人合一"的境界。而

① 郑玄，注. 孔颖达，疏. 礼记正义［M］//阮元，校刻. 十三经注疏：下册. 北京：中华书局，1980：1625.
② 朱熹. 四书章句集注［M］. 北京：中华书局，1983：17.
③ 杜维明. 论儒学的宗教性：对《中庸》的现代诠释［M］. 段德智，译. 武汉：武汉大学出版社，1999：21.
④ 蒲道源. 闲居丛稿［M］//景印文渊阁四库全书：第1210册. 台北：台湾商务印书馆，1986：737.

这种境界是如同"良玉美珠"一般的审美境界。

二、"无美无丑""不喜不悲"

　　巴蜀天然的地理环境和地理位置，远离中原，偏居西南，作为中原文化之代表的儒学才较晚被传入蜀中。儒学基本是在西汉"文翁化蜀"之后，才得以广泛传播。据徐中舒先生考证，在巴蜀地区的考古发现中，存在着许多楚文化的成分和因素。① 而楚文化的主体是道家文化，这就使巴蜀文化具有深厚的道家传统。早在先秦时期，巴蜀地区就有属于道家的哲学著作出现——《臣君子》②。西汉时期，有蜀人严君平所著的《老子指归》。东汉末年，与道家有很强继承关系的道教又在蜀中创立。正如袁庭栋先生所言："古代巴蜀的学术空气中最为浓烈的是道家与神仙传说。"③ 因此，道家思想在巴蜀文化中占据着重要地位。在这样的文化传统浸染下，蒲道源在"文""质"观念外，又追求一种极具道家色彩的"无美无丑""不喜不悲"的审美理想。

　　道家哲学以"道"为宇宙万物的本体和生命本源。《老子》第四十二章曰："道生一，一生二，二生三，三生万物。"④ 不仅万物由"道"而生，万物之善恶美丑亦由"道"而生。《老子》第二章曰："天下皆知美之为美，斯恶已；皆知善之为善，斯不善已。"⑤ 老子美

---

① 徐中舒. 论巴蜀文化 [M]. 成都：四川人民出版社，1982：213.
② 《汉书·艺文志》"道家者流"下著录有"《臣君子》二篇"，班固自注："蜀人。"据蒙文通先生考证，"臣"是姓，"君子"是尊敬之称，"六国时蜀人臣君子在韩子之前已有著述，并传于汉代，书在道家，这可能是严君平学术的来源"。参见：蒙文通. 巴蜀史的问题 [M] //蒙文通全集：第4册. 成都：巴蜀书社，2015：151 - 152.
③ 袁庭栋. 巴蜀文化志 [M]. 修订本. 成都：巴蜀书社，2009：122.
④ 王弼，注. 老子道德经注校释 [M]. 楼宇烈，校释. 北京：中华书局，2008：117.
⑤ 王弼，注. 老子道德经注校释 [M]. 楼宇烈，校释. 北京：中华书局，2008：6.

学并不是旨在"应用辩证的观点来观察美丑问题"①，而是要说明，相对于"大制不割"②的道来说，现象界中的善恶美丑都是不真实的、彼此对待的，它们没有独立性。《庄子》更是明确地说："莛与楹，厉与西施，恢恑憰怪，道通为一。"③"厉"是丑的，"西施"是美的。可是，在"道"的面前，这些所谓的美丑、大小等都是齐同为一的，都是人的分别的态度和区分的见解所造成的。申言之，"道"其实是超越美丑的"无美无丑"的无分别状态，以"道"为核心和追求的道家美学所推崇的是一种"无美无丑"的浑全之境。

在蒲道源的美学思想中，道家的本体之"道"被称作"大钧"。蒲道源认为，包括人在内的天地万物皆由"大钧"所化生，如"夫大钧之播物，贵而为人，微而草木，其间美恶未始有异也。"（《薛景仲梅坡诗序》)④"大钧"化生了人与万物，但人总自认为人为贵、草木为贱，人与草木之间也就有了美丑高下之分。其实，"大钧之播物"本是平等一如、大制不割的，人与草木皆是宇宙大生命中的一部分。对于"大钧"而言，人就是一物，物就包含人，人与物之间不存在高低贵贱、善恶美丑的分别。蒲道源所谓"天地闭塞无妖妍"(《三用韵和前冬菊》)⑤ 则进一步说明大道（"天地闭塞"）原本是一种无美无丑的浑全状态，这才是宇宙之根本、生命之本真。这种以"无美无丑"为本然的美学精神体现在审美创作上为对"人工"的规避而追求"天然"。蒲道源《读近体诗有感》曰：

---

① 李泽厚，刘纲纪. 中国美学史：第 1 卷 [M]. 北京：中国社会科学出版社，1984：212.

② 王弼，注. 老子道德经注校释 [M]. 楼宇烈，校释. 北京：中华书局，2008：74.

③ 郭庆藩. 庄子集释：上册 [M]. 北京：中华书局，2004：70.

④ 蒲道源. 闲居丛稿 [M] //景印文渊阁四库全书：第 1210 册. 台北：台湾商务印书馆，1986：727.

⑤ 蒲道源. 闲居丛稿 [M] //景印文渊阁四库全书：第 1210 册. 台北：台湾商务印书馆，1986：586.

东涂西抹眩妖妍，欲趁春风事少年。安得谢家冰玉质，不将脂粉污天然。①

"东涂西抹"就是一种刻意为之的"人工"，它的确可以创造出美，但这种美是一种"妖妍"之美，是有限、对待之美，不是道家美学追求的那个"自然""大美"。在蒲道源看来，"东涂西抹"的审美创作如同脂粉一样，不是在美化对象而是在遮蔽对象，它遮蔽了对象的天然本性。而真正的创作不是去粉饰对象，当然也不是丑化对象，而是打破美丑之区分对待，去除物我之遮蔽，在明朗自我中明朗万物，从而展现物我生命之本真、天然。这样的审美创作才能通向大道之境、存在之域，才能创作出"大音""天籁"。

一般而言，人总是对美丑进行区分而好美恶丑，并且随之而来的就是悲喜情感的产生，得之则喜，失之则悲。在道家美学看来，人的情感总是因区分而起，始终伴随着欲望的满足与否。所以，道家宣扬"心斋"②"坐忘"③的修养工夫，以消除内心的欲望，让人心归复平静，处于如"道"的状态之中。《庄子·秋水》曰："以道观之，物无贵贱。"④求"道"的过程就是消除内心具有的高低贵贱、善恶美丑之分别对待见解的过程。"无美无丑"的美丑观念造就了类似于陶渊明"纵浪大化中，不喜亦不惧"（《神释》)⑤的情感态度。这种思想深深地影响到蒲道源，他在《题木犀卷》曰："不知造物谁雕刻，玉

---

① 蒲道源. 闲居丛稿［M］//景印文渊阁四库全书：第1210册. 台北：台湾商务印书馆，1986：641.
② 郭庆藩. 庄子集释：上册［M］. 北京：中华书局，2004：147.
③ 郭庆藩. 庄子集释：上册［M］. 北京：中华书局，2004：284.
④ 郭庆藩. 庄子集释：中册［M］. 北京：中华书局，2004：577.
⑤ 陶渊明. 陶渊明集［M］. 香港：中华书局香港分局，1987：37.

质金相个个同。"①"道"所化生的"造物"是自然而然的,没有丝毫人工雕刻的痕迹,而且无论是金银还是草木都没有高低贵贱、善恶美丑之分别,即"个个同"。人们不应该以区别的态度对待万物,而应以无分别的"齐物"态度去映照万物。在这样的态度中,哪里还有美丑以及随之而起的喜怒情感的产生呢?蒲道源《寿甫教授征余文漫成二首》曰:

> 人生天地间,分定不可移。得亦胡为喜,失亦胡为悲。
> 我今两俱置,顺适了无疑。惟余乐善心,蚤夜以孳孳。②

所谓"我今两俱置"即喜怒哀乐皆泯灭,万物齐一、物我协同。这种无得无失、无喜无悲的状态才是真正的快乐("顺适"),这也是一种理想的审美创作心境。此外,蒲道源还说:

> 胸中自水镜,笔底皆阳春。面无喜愠色,口不臧否人。
> 余事及文翰,出语清绝尘。(《饯杜仲正经历美解东归》)③

当心如明镜止水,不喜不惧,我与万物皆是其所是,真性显露。这样创作出的艺术作品才是"阳春"之作,才能超然绝尘。所以,蒲道源不是要去追求美和喜,也不是要追求丑和惧,而是要在无美无丑、不喜亦不惧的状态中,超越尘俗,展现自我与万物生命之本性,从而

---

① 蒲道源. 闲居丛稿 [M] //景印文渊阁四库全书:第1210册. 台北:台湾商务印书馆,1986:640.

② 蒲道源. 闲居丛稿 [M] //景印文渊阁四库全书:第1210册. 台北:台湾商务印书馆,1986:575.

③ 蒲道源. 闲居丛稿 [M] //景印文渊阁四库全书:第1210册. 台北:台湾商务印书馆,1986:575.

使得艺术作品呈现大道之境、存在之域。

三、作为工夫和境界的"醉"

在四川广汉三星堆遗址中，出土了大量的陶制酒器，并且"当时的酿酒技术是不会低于中原"①。《华阳国志·蜀志》记载："九世有开明帝，始立宗庙，以酒曰醴，乐曰荆……"② 《华阳国志·巴志》亦有记载："秦犯夷，输黄龙一双；夷犯秦，输清酒一钟。"③ 从出土文物和文献材料两方面不仅可见出巴蜀文化中酒文化的发达，还可说明古代巴蜀具有四五千年的酿酒、饮酒的悠久历史④。蒲道源的诗中多次提及"太羹玄酒知正味"（《长庚书院》)⑤、"太羹玄酒有真味"（《送马教授美解东归》)⑥、"欢情不厌诗兼酒"（《题沁乡诸公同乐防卷后》)⑦ 等。这正是悠久而深厚的巴蜀酒文化传统在蒲道源思想、文艺中的体现。笔者曾撰文说："酒不仅具有实用价值，它还具有精神价值。"⑧ 实用价值体现为酒是一种饮品，而酒的精神价值体现为"醉"。正是由于酒之"醉"，才使历代诗人墨客的艺术创作离不开它。所以，蒲道源创作的诗歌不仅内容和主题多与酒相关，他还将"醉"

---

① 林向. 蜀酒探原：巴蜀的"萨满式文化"研究之一 [A]. 南方民族考古：第 1 辑 [C]. 成都：四川大学出版社，1987：78.

② 常璩. 华阳国志校注 [M]. 刘琳，校注. 成都：巴蜀书社，1984：185.

③ 常璩. 华阳国志校注 [M]. 刘琳，校注. 成都：巴蜀书社，1984：35.

④ 李树德. 巴蜀文化简论 [M]. 成都：四川科学技术出版社，2008：182–183.

⑤ 蒲道源. 闲居丛稿 [M] //景印文渊阁四库全书：第 1210 册. 台北：台湾商务印书馆，1986：584.

⑥ 蒲道源. 闲居丛稿 [M] //景印文渊阁四库全书：第 1210 册. 台北：台湾商务印书馆，1986：596.

⑦ 蒲道源. 闲居丛稿 [M] //景印文渊阁四库全书：第 1210 册. 台北：台湾商务印书馆，1986：623.

⑧ 谭玉龙. "醉"：宋代蜀学之审美境界 [J]. 文艺评论，2016（11）：121–128.

引入了他的美学理论中，让"醉"成为他所倡导的一种艺术创作方法和审美心境。

如前文所述，蒲道源立足道家哲学和美学，以"自然""天然"为审美追求而排斥、规避人工，所以他说：

> 至如天葩缤纷，匪雕匪刻，作止疏密飞舞之态。而其文章之妙，天机所到，非有意而为之者似焉。（《雪轩赋并序》）①

在蒲道源看来，自然界中的"天葩"之美和它的疏密飞舞的样态，与奇妙的文章一样，都不是有意为之、雕琢经营的产物，而是天道运行、天机所发的结果，即"匪雕匪刻"。这其实就是蒲道源所追求和崇尚的一种审美创作方法："斧斤如向风中运，规矩还从法外求。"（《赵待制求赠梓人高天祜》）② 而在蒲道源的美学思想中，"醉"正是通向这一方法的工夫，或者说"醉"就是这种自由的创作方法。蒲道源《题晋士图》曰：

> 酣放都将礼法雠，共夸晋士最风流。……酣放都忘礼法拘，清谈更欲慕玄虚。③

此处之"酣"可以理解为喝酒喝到痛快时的一种微醉。这种

---

① 蒲道源. 闲居丛稿［M］//景印文渊阁四库全书：第1210册. 台北：台湾商务印书馆，1986：571.
② 蒲道源. 闲居丛稿［M］//景印文渊阁四库全书：第1210册. 台北：台湾商务印书馆，1986：613.
③ 蒲道源. 闲居丛稿［M］//景印文渊阁四库全书：第1210册. 台北：台湾商务印书馆，1986：639.

"醉"冲破了种种束缚，超越了礼法的羁绊，像东晋名士那样"越名教而任自然"①。所以，"醉"就是一种超越技法、规则等束缚的自由创作，它是一种"不思而得"②，是一种无法之法。

"醉"是一种超越技法、规则的无法之法。此外，"醉"还是一种心灵的状态和精神的境界。徐复观先生曾说："酒的酣逸，乃所以帮助摆脱（忘）尘俗的能力，以补平日工夫之所不足；然必其人的本性是'洁'的，乃能借酒以成就其超越的高，因为达到主客合一之境。"③"酒的酣逸"其实是一种"醉"的状态，它是对尘俗的超越。蒲道源曰："呼儿多换酒，一醉万缘休。"（《清平乐》)④"万缘"乃佛学用语，指尘世间的一切因缘和合之物。"万缘休"类似于庄子哲学追求的"无功""无名""无己"（《庄子·逍遥游》)⑤，是对尘世间的一切功名利禄、利害得失、人我区别的超越。这就是"醉"的境界，即徐复观先生所说的"主客合一之境"。

"醉"是一种主客合一的境界，主客合一不是主体之我与客体之物的简单相加，而是主客、物我之同一。我是万物之一部分，万物是我的生命延伸，我即物，物即我。"醉"之主客合一就是万物齐同为一的"天人合一"。所以，蒲道源曰："万事会须论一醉，非我非人非物。"（《酹江月》)⑥ 在"醉"之中，我不与他人、他物对立，不是一种主客关系，他人、他物与我一样具有性情和生命，他们不是与我相

---

① 嵇康. 嵇康集校注［M］. 戴明扬，校注. 北京：人民文学出版社，1962：234.

② 蒲道源. 闲居丛稿［M］//景印文渊阁四库全书：第1210册. 台北：台湾商务印书馆，1986：647.

③ 徐复观. 中国艺术精神［M］. 台北：台湾学生书局，1966：263-264.

④ 蒲道源. 闲居丛稿［M］//景印文渊阁四库全书：第1210册. 台北：台湾商务印书馆，1986：672.

⑤ 郭庆藩. 庄子集释：上册［M］. 北京：中华书局，2004：17.

⑥ 蒲道源. 闲居丛稿［M］//景印文渊阁四库全书：第1210册. 台北：台湾商务印书馆，1986：669.

对立的客体而是与我一样的另一主体，我与他人、他物之间是一种主体与另一主体的关系，简称主体间性。这就是马丁·布伯（Martin Buber）所谓的"我——你"关系而非"我——它"关系①。也正是由于此，蒲道源才能"开樽饮，参横斗转，同醉卧花傍"（《满庭芳》)②。

要言之，"醉"不仅超越技法和规则，还泯灭人与人、人与万物的隔阂。在"醉"之中，人不仅可以自由、任性地进行审美创作，还可成就自我、成就万物，最终进入"主客合一""天人合一"的至真、至善、至美的境界。

四、结语

加拿大学者卜正民（Timothy Brook）认为："蒙古人统治的近一个世纪（1271—1368）是一个独立的时间段，它截断了中国历史的奔流。"③ 此说大体正确，但仍有继续探讨的空间。因为从政治、军事等方面看，蒙元的确"截断了中国历史的奔流"，可是当我们从美学角度看，元代不仅没有截断中国历史的奔流，还对元代以前中国美学遗产进行了继承、发扬和融合。就以元代巴蜀美学的代表人物蒲道源为例，我们就能发觉这一点。他一方面继承了儒家美学的"文""质"观念，强调"文质不可相胜"，同时他还将理学思想融入其中，认为"文质不可相胜"的目的不是要追求内容与形式的统一，而是"得中"、得"天理"，最终落实于"君子""圣人"人格塑造的完成。另

---

① 马丁·布伯. 我与你［M］. 陈维纲，译. 北京：生活·读书·新知三联书店，1986：82－83.

② 蒲道源. 闲居丛稿［M］//景印文渊阁四库全书：第1210册. 台北：台湾商务印书馆，1986：670.

③ 卜正民. 哈佛中国史：第5卷［M］. 潘玮琳，译. 北京：中信出版社，2016：3.

一方面，在巴蜀道家文化传统的影响下，蒲道源不求美，也不求丑，而是在心如止水、内外明净的状态中，追求一种"无美无丑""不喜不悲"的境界，这通向了大道之境、存在之域。此外，在川酒文化的浸染下，蒲道源的文艺创作多处涉及酒，并且他将"醉"引入其美学理论之中，视"醉"为一种自由、任性的审美创作方法和一种"天人合一"的至真、至善、至美的境界。总之，蒲道源的美学思想是元代巴蜀美学精神的代表，在巴蜀文化处于衰败的状况下，支撑和推动着巴蜀美学继续向前发展，为巴蜀美学和元代美学做出了应有的贡献。

第四章

明清时期的巴蜀美学

第一节　杨慎美学思想中的巴蜀文化精神

　　巴蜀文化是在巴蜀独特的地理环境中孕育产生的一种中国区域文化。从地理位置上看，巴蜀地处黄河流域和长江流域之间，具有接收北方文化和南方文化的地理优势，从而逐渐成为"南北文明的汇聚之区"①。这使巴蜀文化具有吸收其他文化的包容精神。同时，巴蜀又主要是盆地，四周被崇山峻岭所包围，是一个相对封闭和独立的区域。不过，巴蜀先民并不甘心局限于此，而是努力冲破自然的束缚，走出盆地与外界交往。巴蜀地区留存至今的栈道和考古发现船棺正体现出他们在水陆两方面对自然环境的突破，从而彰显出一种勇于探索创新的精神。此外，在关于巴蜀的古代典籍中，巴蜀首领总被描绘成长命百岁的神仙式人物，如扬雄《蜀王本纪》曰："从开明已上至蚕丛，积三万四千岁。"② 又曰："蜀王之先名蚕丛，后代名曰柏濩，后者名

---

①　童恩正. 古代的巴蜀 [M]. 成都：四川人民出版社，1979：3.
②　郑文. 扬雄文集笺注 [M]. 成都：巴蜀书社，2000：331–332.

鱼凫。此三代各数百岁，皆神化不死，其民亦颇随王去。鱼凫田于湔山，得仙。"① 虽然，《蜀王本纪》对蜀王年龄的记载不可尽信，但至少说明巴蜀先民对长生不死、羽化成仙有着强烈的愿望。而"仙"凝聚着一种超越精神，它旨在超越有限时间和世俗的束缚，去实现生命的永恒和精神的自由。那么，巴蜀先民慕"仙"，就蕴含着一种超越有限和世俗的文化精神。包容、创新与超越的巴蜀文化精神深深植根于享有"明世记诵之博，著作之富"（《明史·杨慎传》)② 之誉的杨慎美学思想中，使他提出了"天然之句""有讽谕而不露"和"以醉入神"的独特美学思想。

一、"自然之诗""天然之句"的审美理想与追求

道家思想是中华传统文化的重要组成部分，它以"道"为世界的本源及规律，崇奉一种"道法自然"（《老子》第二十五章)③ 的行为准则和思想态度，故《汉书·艺文志》曰："清虚以自守，卑弱以自持……欲绝去礼学，兼弃仁义。"④ 有学者认为："道家是楚国本土所产生的思想，道家学者中楚人自然占主体地位。"⑤ 春秋战国时期，随着楚国不断强大与扩张，巴国部分土地被楚侵占，蜀国南部又被楚包围。从近来巴蜀考古发掘中可知，楚文化很早就融入了巴蜀文化，对巴蜀文化产生了很大影响。所以，蒙文通先生说："巴蜀和楚，从文

---

① 郑文. 扬雄文集笺注 ［M］. 成都：巴蜀书社，2000：332.
② 张廷玉，等. 明史：第 17 册 ［M］. 北京：中华书局，1974：5083.
③ 王弼，注. 老子道德经注校释 ［M］. 楼宇烈，校释. 北京：中华书局，2008：64.
④ 班固. 汉书：第 6 册 ［M］. 北京：中华书局，1962：1732.
⑤ 徐文武. 楚国思想史 ［M］. 武汉：湖北人民出版社，2003：9.

化上说是同类型，应该是可以肯定的。"① 从这个意义上讲，楚文化让巴蜀文化着上了道家色彩，并与巴蜀固有的神仙文化相结合，在汉代形成道教文化，对成长或生活在巴蜀的人们的思想、风俗等产生巨大影响。杨慎自然也位列其中。

明朝建立后，官方为加强统治，稳定政权，在意识形态上施行以儒为宗、独尊理学的政策。这使文艺的教化功能和道德内涵得以强调和凸显，如"台阁体"文艺思想。虽然，景泰、成华年间，这种文艺思潮由于政治、经济、社会等变动逐渐淡化，出现了追求自由、真情的创作倾向，所谓"凡作诗文，皆以真情为主"（薛瑄《读书录》）②、"七情之发，发而为诗"（陈献章《夕惕斋诗集后序》）③ 等皆说明这一点。但随后，明代的文艺思潮又回到重政教、扬道德的传统上来，如丘濬曰："诗之用以导化邦人，感发其善心，宣导其湮郁，以厚人伦，以美教化。"（《送钟太守诗序》）④ 可以说，在官方意识形态影响控制下，"经夫妇，成孝敬，厚人伦，美教化，移风俗"（《毛诗序》）⑤ 的文艺观念始终是明代的主流。但杨慎的文艺观念却与此不同，他在吸收老庄思想的基础上，倡导一种追求"自然之文""天然之诗"的审美理想。

杨慎以《诗经》为文艺创作的楷模和标准，但这并非是因为其具有教化作用，而是《诗经》是人们真情实感的抒发。他说："唐人诗主情，去《三百篇》近；宋人诗主理，去《三百篇》却远矣。"（《唐

---

① 蒙文通. 巴蜀史的问题［M］//蒙文通全集：第 4 册. 成都：巴蜀书社，2015：157.

② 薛瑄. 读书录［M］//景印文渊阁四库全书：第 711 册. 台北：台湾商务印书馆，1986：648.

③ 陈献章. 陈献章集：上册［M］. 北京：中华书局，1987：11.

④ 丘濬. 琼台诗文会稿［M］//丘濬集：第 9 册. 海口：海南出版社，2006：4131.

⑤ 毛亨，传. 郑玄，笺. 孔颖达，疏. 毛诗正义［M］//阮元，校刻. 十三经注疏：上册. 北京：中华书局，1980：270.

诗主情》)① 在唐宋对比中，杨慎肯定的是前者，认为文艺应像唐诗那样"主情"，是性灵的抒写、情感的外化，不能用"礼"（"理"）去束缚"情"。杨慎曰："风动成音，自谐宫商。"（《风筝诗》）②"风"即外物，"动"即由物而起的情，艺术就是由应物而感之情所创造的，它是真实情感和内在生命的表达，它"自谐宫商"，展现的是天然、自然之美。所以在杨慎的美学思想中，流传于民间的谚语也具有"文理"，如其《谚语有文理》曰：

> 谚语云："三九二十七，篱头吹觱栗。"言冬至后寒风吹篱落，有声如觱栗也，合于《庄子》"万窍怒号"之说，而可以为《豳风》"一之日觱发"之解矣。贾人之铎，可以谐黄钟；田父之谚，而契周公之诗。信乎六律之音，出于天籁；五性之文，发于天章，有不待思索勉强者。此非自然之诗乎？③

《庄子·齐物论》曰："夫大块噫气，其名为风。是唯无作，作则万窍怒号。"④ 大地发出的"气"就是"风"，"风"不发作则已，一发作则"万窍怒号"。杨慎在此借用《庄子》之"万窍怒号"表示强烈情感的迸发，这种情感的迸发不是欲望的满足，而是得自生命本真之"气"的触发。谚语本是民间世俗之物，是老百姓在日常生活和劳动中随感而发的产物，而不是为功名利禄或道德教化所创作的艺术，

---

① 杨慎. 升庵诗话：第4卷 [M]. 上海：商务印书馆，1939：43.

② 杨慎. 升庵全集：第5册 [M]. 上海：商务印书馆，1937：690.

③ 杨慎. 丹铅总录：第19卷 [M]. 美国加利福尼亚大学伯克利分校图书馆藏明万历十六年（1588）陆弼刊本.

④ 郭庆藩. 庄子集释：上册 [M]. 北京：中华书局，2004：45.

即"不待思索勉强"。所以在杨慎看来，谚语是老百姓真情实感、真实自我的表达，是生命本真的彰显，它正与庄子之"气"相契合。谚语就是一种与"天籁""天章"相通的"自然之诗"。

杨慎认为，谚语的创作"不待思索勉强"，是展现真实情感和内在真我的"天籁"之音、"自然之诗"。除此之外，谚语还蕴含着对艺术创作技法、人为人工的超越。或者说，杨慎对"自然""天然"的宣扬与追求还蕴含着超越技法的思想。他在《四言诗自然句》中说："江淹《别赋》：'春草碧色，春水绿波。送君南浦，伤如之何。'取诸目前，不雕琢而自工，可谓天然之句。"① "不雕琢而自工"就是规避人为、人工，让山水草木"是其所是"。山水草木不是因我而存在的，山水草木之美也不是由我赋予它们的。人类的艺术不是去刻意模仿它们，也不是运用技巧去雕琢它们，而是要从自然之外回到自然之中，将占有自然的东西返还给自然，艺术和审美只是自然万物之美的见证。这就是杨慎所谓的"天然之句"。接着，他又说："他如梁元帝：'秋水文波，秋云似罗。'唐罗昭谏《蟋蟀赋》：'美人在何？夜影流波。与伫立，徘徊思多。'抑其次也。近世知学六朝、初唐，而以饾饤生涩为工，渐流于不通，有改'莺啼'曰'莺呼'，'猿啸'曰'猿唤'，为士林传笑，安知此趣耶？"（《四言诗自然句》)② 在杨慎看来，"秋水文波，秋云似罗"不是"天然之句"，是"次"等。因为它是运用比喻的结果，是人工的介入，自然是人为的存在。而在六朝、初唐时，诗人刻意安排罗列诗句（"以饾饤生涩为工"）则更是以"人工"伤"天工"。这种艺术应该批评和否定。由此可见，杨慎倡导和追求"天然之句"，其实是要规避人工、超越技巧，以自然而然之心

---

① 杨慎. 升庵诗话：第 1 卷 [M]. 上海：商务印书馆，1939：3.
② 杨慎. 升庵诗话：第 1 卷 [M]. 上海：商务印书馆，1939：3.

映照自然万物，让自然万物是其所是地存在着，人的审美和艺术只是自然之美的见证。

总之，面对明朝官方意识形态影响下的文艺思想，杨慎吸收道家思想而倡导一种对"自然之诗""天然之句"的审美追求。这种审美追求让艺术不为外在的功利目的而存在，而是为艺术本身、为自我性情而存在，并超越刻意为之的技法和人工，是艺术家自我生命和内在本真的彰显。

二、"有讽谕而不露"的审美教化论

杨慎虽然受到具有浓厚道家色彩的巴蜀文化的浸染，提出对"自然之诗""天然之句"的审美追求，但他并非对艺术的社会性、教化性毫无关注。马克思、恩格斯曾说："统治阶级的思想在每一个时代都是占统治地位的思想。"① 对明代而言，"统治阶级的思想"就是程朱理学，所以，程朱理学及其影响下的文艺思想自当占据着整个时代的主流。杨慎自小学习儒学，青年时期多次参加科举考试，后又在朝为官。这些经历使杨慎的美学思想不能不沾染上儒家道德教化的色彩。易言之，杨慎在倡导"天然""自然"的审美追求与理想的同时，并未遗弃儒家美学的"文以载道"② 观念，他依然关注文艺的社会教化功能和道德讽谕作用。只不过，杨慎的这种文艺观念是兼容《周易》、道家思想之后的新型文艺教化观。

梁漱溟先生说："融国家于社会人伦之中，纳政治于礼俗教化之

---

① 马克思，恩格斯. 德意志意识形态 ［M］//中共中央马克思恩格斯列宁斯大林著作编译局，编译. 马克思恩格斯全集：第 3 卷. 北京：人民出版社，1960：52.

② 周敦颐. 周敦颐集 ［M］. 北京：中华书局，2009：34.

中，而以道德统括文化，或至少是在全部文化中道德气氛特重，确为中国的事实。"① 可以说，中国传统文化就是一种重视伦理道德的文化。中国文化的这一特点又集中体现在儒家学说之中，所以儒家美学认为，艺术与道德教化具有紧密的联系，艺术应具有道德的内容，发挥相应的教化功用，即《毛诗序》所谓的"上以风化下，下以风刺上"②。如前文所述，杨慎十分推崇《诗经》，认为"《三百篇》为后世诗人之祖"（《唐诗翻三百篇意》)③，这是因为《诗经》是广大群众真实情感的表达。除此之外，还有一个原因，那就是《诗经》具有"刺淫乱""悯流民""伤暴敛""叙饥荒"（《诗史》)④ 的功能。显然，杨慎美学是对儒家伦理教化主义美学观的继承。但杨慎并未就此止步，而是将易学、庄学等思想融入其中。

《周易·系辞上》曰："书不尽言，言不尽意。"⑤ 文字是有限的，言语是无限的，所以言语无法被文字完全表达。当言语与思想相遭遇时，言语又是有限的，思想却是无限的，所以存在着越出言语之外的思想，即"言外之意"。虽然"意"超越"言"，但这并不是说"意"就无法把握和捕捉。庄子哲学认为，把握和捕捉"意"的方法就是"忘"，故曰："得意而忘言。"（《庄子·外物》)⑥ 这种言意观念经魏晋玄学的改造与发展，后又融入佛学，在唐代形成一种追求"象外之

---

① 梁漱溟. 中国文化要义 [M]. 上海：上海人民出版社，2011：22.
② 毛亨，传. 郑玄，笺. 孔颖达，疏. 毛诗正义 [M] //阮元，校刻. 十三经注疏：上册. 北京：中华书局，1980 年，第 271.
③ 杨慎. 升庵诗话：第 4 卷 [M]. 上海：商务印书馆，1939：44.
④ 杨慎. 升庵诗话：第 4 卷 [M]. 上海：商务印书馆，1939：49 – 50.
⑤ 王弼，韩康伯，注. 孔颖达，疏. 周易正义 [M] //阮元，校刻. 十三经注疏：上册. 北京：中华书局，1980 年，第 82.
⑥ 郭庆藩. 庄子集释：下册 [M]. 北京：中华书局，2004：944.

象、景外之景"①、"韵外之致"②、"味外之旨"③ 的"意境"理论。所以我们认为，中国美学具有一种追求言外之意、画外之音、象外之象的含蓄收敛的特点。杨慎正是将此与文艺道德教化论相结合，提出一种"有讽谕而不露"（《薛涛诗》)④ 的新型审美教化论。

杨慎崇奉"诗三百"，这的确是因为它可以发挥"经夫妇，成孝敬，厚人伦，美教化，移风俗"（《毛诗序》)⑤ 的道德教化作用。但他却认为，《诗经》并非像《尚书》《春秋》那样，通过客观真实的纪事来发挥教化、劝诫作用，而是"约情合性而归之道德"，如杨慎《诗史》曰：

> 《三百篇》皆约情合性而归之道德也，然未尝有道德字也，未尝有道德性情句也。二南者，修身齐家其旨也，然其言琴瑟钟鼓，荇菜茉苡，夭桃秾李，雀角鼠牙，何尝有修身齐家字耶？皆意在言外，使人自悟。至于变风变雅，尤其含蓄，言之者无罪，闻之者足以戒。……杜诗之含蓄蕴藉者，盖亦多矣，宋人不能学之。至于直陈时事，类于讪讦，乃其下乘末脚，而宋人拾以为己宝，又撰出"诗史"二字以误后人。⑥

---

① 司空图. 与极浦书［M］//司空表圣文集：卷3. 清光绪三十一年（1905）结一庐朱氏剩余丛书刊本.

② 司空图. 与李生论诗书［M］//司空表圣文集：卷2. 清光绪三十一年（1905）结一庐朱氏剩余丛书刊本.

③ 司空图. 与李生论诗书［M］//司空表圣文集：卷2. 清光绪三十一年（1905）结一庐朱氏剩余丛书刊本.

④ 杨慎. 丹铅总录：第21卷［M］. 美国加利福尼亚大学伯克利分校图书馆藏明万历十六年（1588）陆弼刊本.

⑤ 毛亨，传. 郑玄，笺. 孔颖达，疏. 毛诗正义［M］//阮元，校刻. 十三经注疏：上册. 北京：中华书局，1980：270.

⑥ 杨慎. 升庵诗话：第4卷［M］. 上海：商务印书馆，1939：49–50.

据这段材料可知，杨慎首先肯定了具有道德教化功用的艺术，只不过杨慎所谓的道德教化是一种"含蓄"的道德教化。具体而言，就是通过"比兴"的文学手法，借言他物而讽谏君主、教化百姓，即"意在言外，使人自悟"。这与我们今日所讲的审美教育相通。审美教育是让人在审美活动和艺术鉴赏中不知不觉地受到心灵的洗涤、精神的陶冶，是一种由内而外的感化，而道德教育是通过道德条例由外而内地强制性地规范人们的言行思想。杨慎正见出了审美和艺术所具有的"入人也深，其化人也速"（《荀子·乐论》）[①] 的神奇作用，所以他认为，行之有效的文艺教化不应像"诗史"那样"直陈时事"，而应将道德教化"含蓄"地放在"言外"，让人在不知不觉中受到感化与陶冶。

另外，在《沈氏〈竹火笼〉诗》中，杨慎还说："梁范静妻沈满愿《竹火笼》诗曰：'剖出楚山筼，织成湘水纹。寒消九微火，香传百和薰。氤氲拥翠被，出入随缃裙。徒悲今丽质，岂念昔凌雪。'此诗言外之意，以讽士之以富贵改节者，即孟子所云'乡为身死而不受，今为宫室之美妻妾之奉而为之'者，而含蓄蕴藉如此。"[②] 这种"言外之意"的文艺道德讽谏论正是易学、庄学与儒学的融合，是言意之辨与文艺教化论的统一。最上乘的诗是性情自由抒发之诗，也是包孕着道德内涵之诗。读者在领略诗人真性情的同时，又不知不觉地在"言外"受到心灵的洗涤、精神的纯化。这就是"意在言外""含蓄蕴藉"的文艺教化。因此，杨慎曰："有讽谕而不露，得诗人之

---

① 王先谦. 荀子集解：下册 [M]. 北京：中华书局，1988：380.
② 杨慎. 升庵诗话：第3卷 [M]. 上海：商务印书馆，1939：36-37.

妙。"(《薛涛诗》)①

要言之，在杨慎的美学思想中，艺术和审美不能像道德说教那样"直陈时事"，而应将道德教化内容放在"言外"，让观众不知不觉地受到感化与陶冶。这是杨慎融合易学、庄学和儒学之后，创造的一种新型审美教化论，彰显出巴蜀文化"兼容性与再生力特强"的特点②。

三、"以醉入神"的审美创作论

中华民族具有悠久的酒史，早在5000多年前的裴李岗文化和河姆渡文化遗址中就出土了用于酿酒的陶器和农作物。古代巴蜀地区的酒史也与之相当，早在5000年前的茂县云盘山遗址中就有陶制酒器，年代稍晚的三星堆文化遗址中又有铜制的酒器。这说明巴蜀"酿酒历史源远流长，酒文化特别丰富"③，并且一直兴盛至今。但酒并非生活的必需品，可为什么几千年来，人们总是对它念念不忘呢？清初黄周星曰："饮酒者，乃学问之事，非饮食之事也。"(《酒社刍言》)④ 可见，酒不仅是饮料，满足人们的食欲，饮酒活动还是一种"学问"，如儒家的礼乐思想正寓于其中。饮酒除关乎"学问"外，还关乎精神、情感。它可使人精神高蹈、情绪激昂，是人超越世俗的一种途径和方法。这其实是酒可使人"醉"的功能。也正是由于酒具有"醉"的功能，才使酒和酒文化延续至今。古代巴蜀文人雅士，如李白、"三苏"，尤

---

① 杨慎. 丹铅总录：第21卷 [M]. 美国加利福尼亚大学伯克利分校图书馆藏明万历十六年（1588）陆弼刊本。

② 李德书. 巴蜀文化简论 [M]. 成都：四川科学技术出版社，2008：12.

③ 周启堂. 川酒发展历史简介 [A]. 四川省哲学社会科学学会联合会. 川酒发展战略探讨 [C]. 成都：四川省社会科学院出版社，1987：219.

④ 黄周星. 酒社刍言 [M] //丛书集成续编：第102册. 台北：新文丰出版公司，1989：741.

其喜好饮酒，常在"醉"中进行创作，实现精神的超脱。杨慎亦如此，他的书画美学与酒或"醉"息息相关。

"神"是中国古代书画家十分重视的范畴。东晋顾恺之曰："四体妍蚩，本无关于妙处，传神写照，正在阿堵中。"（《晋书·顾恺之传》）① "神"就是画中人物的内在风神或精神。王僧虔《笔意赞》曰："书之妙道，神采为上，形质次之。"② "神采"就是书法家通过书法艺术展现出的精神气质。所以，中国古代书画美学不是要追求线条、色彩等形式之美，而是通过前者展现艺术家的自我生命和内在精神。书画艺术就是书画家生命和精神的折射，书画美学就是一种生命之学、精神之学和境界之学。杨慎《画品之亚》载：

> 《韵语阳秋》曰："张长史以醉，故草书入神。"老杜所谓"杨公拂箧笥，舒卷忘寝室。念昔挥毫端，不独观酒德"是也。"许道宁以醉，故画入神。"山谷所谓"往往醉许在长安，蛮溪大研磨松烟。醉拈枯笔墨淋浪，势若山崩不停手"是也。③

杨慎征引的这些例子说明，他的书画美学正是以"神"为追求，并且实现这一追求的途径或工夫是"醉"，即"以醉入神"。我们知道，"醉"是人饮酒引起的由生理到心理的变化状态。杜甫《饮中八仙歌》曰："李白一斗诗百篇，长安市上酒家眠。天子呼来不上船，

---

① 房玄龄，等. 晋书：第 8 册 [M]. 北京：中华书局，1974：2405.
② 上海书画出版社. 历代书法论文选 [M]. 上海：上海书画出版社，1979：62.
③ 杨慎. 画品 [M] //卢辅圣. 中国书画全书：第 3 册. 上海：上海书画出版社，1992：819.

自称臣是酒中仙。"① 对李白而言，饮酒而"醉"不仅是进行高水平艺术创作的工夫，还是对权势、功名等世俗追求的超越。所以，"醉"类似于庄子美学中的"吾丧我"（《庄子·齐物论》)②。"我"是欲望之我、功利之我、对待之我，"吾"是天然本真之我、道之我。人在"醉"中，一切功名利禄、利害计较都变得毫无意义，一切束缚都已被冲破，我不再有追求功利的欲望，我就为我自己而自由存在，我就是真正的我，即"吾"。所以"醉"的工夫通向"醉"的境界，"醉"境就是一种"都忘内外，超然俱得"（郭象《庄子注》)③ 的大道之境。杨慎进一步说："大抵书画贵胸中无滞，小有所拘，则所谓神气者逝矣。"（《画品之亚》)④ 所谓"胸中无滞"就是无功、无名、无我的状态，"小有所拘"则是被功名利禄、欲望得失所束缚的状态。而"醉"正是超越"所拘"、让"胸中无滞"的工夫，以"醉"的工夫进行艺术创作才能真正进入"神"的境界。

　　《老子》第四十八章曰："为学日益，为道日损。损之又损，以至于无为。"⑤ 道家哲学就是一种"损道"，它"损"的正是知识（"学"），因为知识就是一种区分，一种物我对立以及由之而来的求美去丑、好逸恶劳的欲望追求。《庄子·天下》曰："夫无知之物，无建己之患，无用知之累，动静不离于理，是以终身无誉。"⑥ 所以当"损"去知识后，物我对立、利害得失不再羁绊我们，我们才能实现真正的自由，进入一种"无为"的状态。这就是道家"无知"的智

----

　① 杜甫. 杜工部诗集［M］. 北京：中华书局，1957：62.

　② 郭庆藩. 庄子集释：上册［M］. 北京：中华书局，2004：45.

　③ 郭庆藩. 庄子集释：上册［M］. 北京：中华书局，2004：45.

　④ 杨慎. 画品［M］//卢辅圣. 中国书画全书：第 3 册. 上海：上海书画出版社，1992：819.

　⑤ 王弼，注. 老子道德经注校释［M］. 楼宇烈，校释. 北京：中华书局，2008：127 - 128.

　⑥ 郭庆藩. 庄子集释：下册［M］. 北京：中华书局，2004：1088.

慧。这种"无知"之知又在杨慎"酒汁"与"墨汁"的对比中加以
彰显，如其《墨汁》载：

> 刘静修诗："老觉胸中无墨汁。"《画谱》云"李成惜墨
> 如金"是也。梁武帝时举秀才，谬者罚饮墨汁一斗。近有善
> 谑者云："画士胸中可有酒汁，不可有墨汁。秀才反是。"①

"墨汁"就是秀才所具有和追求的知识，"酒汁"即老子哲学的
"损"道、庄子哲学的"无知"之知。在杨慎看来，书画创作不是个
人知识的表达，也不是为了传授知识给观众，而是自我生命和内在精
神的彰显，书画艺术是"心印"。所以画士不应拘泥于区分外物的知
识（"墨汁"），不能以"墨汁"作画，因为随"墨汁"而来的就是对
功名利禄、荣辱得失的欲望追求。画士真正要追求的是运用"酒汁"
超越世俗欲望、荡去知识区分，从而进入自由无待的创作状态。这才
是庄子美学所推崇的"真画者"（《庄子·田子方》)②，才是艺术家真
实性情之表达、本真生命之彰显，才是"入神"的境界，才能真正做
到"挥纤毫之笔，则万类由心。展方寸之能，而千里在掌"（《画
序》)③。

由以上分析可知，杨慎的书画美学思想不是以外在的形式为追求
目标，而是以艺术家的内在精神、自我生命之"神"的彰显为追求；
书画创作不能拘泥于精雕细琢的技法，也不能受到欲望知识的束缚，

---

① 杨慎. 画品 [M] //卢辅圣. 中国书画全书：第 3 册. 上海：上海书画出版社，
　1992：819.
② 郭庆藩. 庄子集释：中册 [M]. 北京：中华书局，2004：719.
③ 杨慎. 画品 [M] //卢辅圣. 中国书画全书：第 3 册. 上海：上海书画出版社，
　1992：814.

而应在纯任性灵、自由无为的状态中进行创作，这样才能使作品"入神"。杨慎拈出"醉"这一工夫以保证"神"的获得，在"醉"之中，实现自我与画作的合一与超越。其思想内核是道家精神，也与悠久而丰富的川酒文化历史相契合。

四、结语

杨慎的祖籍虽是江西庐陵，又出生于北京，但他的六世祖于元末就迁入了巴蜀，定居今日之成都市新都区。所以，《明史·杨慎传》称他为"新都人"①。杨慎一生居于蜀中的时间并不长，但他十二岁回四川新都，停留三年，其间随祖父杨春学习《周易》，"在新都的两年多时间里，遍览古籍，赋诗作文，学问大进"②。从这个意义上讲，认为"巴蜀文化也通过《易》学深深地影响了杨慎"③ 的观点是确当的。再加上杨慎一生多次回蜀，并且在《四川总志序》中，他不仅表达出对巴蜀自然风貌的赞叹，还对司马相如、严君平、王褒、扬雄、陈子昂、李白、苏东坡、虞集等巴蜀先贤的风神及文章表达出倾慕崇敬之情。④ 因此，我们不能忽略巴蜀文化对杨慎的影响，而杨慎的美学思想正蕴含着巴蜀文化的基因。一方面，杨慎在明代独尊理学的高压环境中，倡导艺术应追求"自然""天然"之美，体现出他的道家审美情怀；另一方面，他将易学、庄学与儒家伦理教化论美学相融合，提出一种"有讽谕而不露"的新型审美教化论，这是巴蜀文化包容与创新精神的体现。此外，杨慎在悠久而丰富的川酒历史文化的浸染下，

① 张廷玉，等. 明史：第17册［M］. 北京：中华书局，1974：5081.
② 丰家骅. 杨慎评传［M］. 南京：南京大学出版社，1998：30.
③ 李凯. 巴蜀文艺思想史论［M］. 北京：商务印书馆，2016：235.
④ 杨慎. 升庵全集：第1册［M］. 上海：商务印书馆，1937：29.

重视酒与艺术的关系，提出"以醉入神"的创作方法，彰显出追求自然逍遥、超越无待境界的书画艺术精神。易言之，正是巴蜀文化的包容、创新与超越的精神，才促使杨慎追求"自然""天然"之美，倡导"有讽谕而不露"的"含蓄"教化论，以及宣扬"以醉入神"的工夫和境界。当然，其中的理论内核和精神要旨都是道家文化。总之，杨慎是明代学术史上重要的人物之一，他的美学思想不仅"有着浓厚的中国早期启蒙思想的特色，是明代文学思潮新变时期的产物"①，还是巴蜀文化熏陶的结果，其中蕴含着巴蜀文化的基因。

第二节　巴蜀文化精神与来知德的美学思想

我国幅员辽阔、江河纵横，空间跨度极大，形成了多种各具特色的中华区域文化，以四川和重庆为主体的巴蜀文化就是其中之一。巴蜀文化虽是中华文化的一部分，但它在具有中华文化共性的同时，还具有属于其自身的特性。我们知道，巴蜀主要位于盆地之中，四周被青藏高原、云贵高原、大巴山、巫山等所环绕，成为仿佛与世隔绝的世外桃源。"蜀道之难，难于上青天"②的诗句正是对这一自然环境的形象描绘。但正如徐中舒先生所言："古代四川人民从不甘心局限于这一小经济文化区内，而居心开辟道路，向外发展。"③巴蜀先民"开辟道路，向外发展"就是不屈服于盆地环境的束缚，冲破崇山峻岭的重重阻隔，与外界进行经济文化交往。今天四川、重庆地区大量留存

---

①　丰家骅. 杨慎评传［M］. 南京：南京大学出版社，1998：213.

②　李白. 蜀道难［M］//李太白全集：上册. 北京：中华书局，1977：162.

③　徐中舒. 论巴蜀文化［M］. 成都：四川人民出版社，1982：1.

的栈道也证明了这一点，如《史记·货殖列传》描述古代巴蜀的交通："然四塞，栈道千里，无所不通。"① 长久以来，这种对自然环境的态度，深深积淀在巴蜀先民的心底，进而转化为勇于开拓创新、不受陈规旧制束缚的文化精神，而这种巴蜀文化精神又深深影响到了巴蜀美学精神和艺术观念。明末巴蜀学者来知德（1525—1604，今重庆梁平人）就是典型的一例。

一、"舍象不可以言《易》"

言意之辨是中国古代哲学中的重要内容之一，魏晋玄学家们又将之与《周易》相联，进而使言意、言象之辨逐渐成为易学哲学的重要问题之一。② 魏晋时期，王弼将庄子哲学思想中的"得意而忘言"（《庄子·外物》）③ 融入易学之中，提出"得意在忘象"（《周易略例·明象》）④ 的命题，以表达对当时象数派的不满。虽然，王弼的命题是专门针对易学而提出的，但此说"成为魏晋时代之新方法，时人用之解经典，用之证玄理，用之调和孔老，用之为生活准则，故亦用之于文学艺术也"⑤。可见，"得意忘象"对中国古代美学与艺术观念产生了巨大影响，"意"与"象"的关系还是一个重要的美学问题。

在《周易》中，"言"指卦辞，"象"指卦象，"意"指卦辞和卦象表达出的内在义理。王弼认为，"象"需要"言"加以说明，"意"要通过"象"加以显示，即"意以象尽，象以言著"（《周易略例·

---

① 司马迁. 史记：第 10 册 [M]. 北京：中华书局，1959：3261.
② 朱伯崑. 易学哲学史：第 1 卷 [M]. 北京：华夏出版社，1994：327.
③ 郭庆藩. 庄子集释：下册 [M]. 北京：中华书局，2004：944.
④ 王弼. 王弼集校释：下册 [M]. 楼宇烈，校释. 北京：中华书局，1980：609.
⑤ 汤用彤. 儒学·佛学·玄学 [M]. 南京：江苏文艺出版社，2009：283 - 284.

明象》）①。但这也从另一方面说明，"言"的存在目的是为了说明"象"，"象"的存在目的是为了显现"意"。所以，"言""象"只是显现"意"的工具。目的达到便意味着工具的舍弃，拘泥于工具反过来说明目的还未曾达到，故"存言者，非得象者也；存象者，非得意者也"（《周易略例·明象》）②。这也正是王弼提出"得意在忘象"的真意所在。在"得意忘象"的影响下，唐代诗人结合佛学，明确提出了追求"象外之象，景外之景"③的"意境"理论。此后，这样的审美和艺术追求在中华美学中占据着重要地位。明中叶以后，阳明心学崛起与流行，形成了一股以"心"为万物本源的思潮，又进一步推动了易学往"象"外之虚空方向发展，如"良知即是易"（《传习录下》）④、"超然自悟本心，乃易简直截根源"（《慈湖精舍会语》）⑤等。而来知德却没有顺应时代潮流，他试图突破长久以来流行的"得意忘象"观念，提出了"舍象不可以言《易》"（《周易集注·系辞下传》）⑥的命题，以匡正当时的心学流弊。

来氏曰："《易》卦者，写万物之形象之谓也，舍象不可以言《易》矣。象也者，像也，假象以寓理，乃事理彷佛近似而可以想像者也，非造化之贞体也。"（《周易集注·系辞下传》）⑦"象"即卦象，是对万物形象的摹写，所以卦象不等于客观物象。这是因为对外物的

① 王弼. 王弼集校释：下册 [M]. 楼宇烈，校释. 北京：中华书局，1980：609.
② 王弼. 王弼集校释：下册 [M]. 楼宇烈，校释. 北京：中华书局，1980：609.
③ 司空图. 与极浦书 [M] //司空表圣文集：卷3. 清光绪三十一年（1905）结一庐朱氏剩余丛书刊本.
④ 王守仁. 王阳明全集：上册 [M]. 上海：上海古籍出版社，1992：125.
⑤ 王畿. 王龙溪全集：第1册 [M]. 台北：华文书局，1970：364.
⑥ 来知德. 周易集注 [M] //景印文渊阁四库全书：第32册. 台北：台湾商务印书馆，1986：374.
⑦ 来知德. 周易集注 [M] //景印文渊阁四库全书：第32册. 台北：台湾商务印书馆，1986：374.

摹写始终会添入主观的思想情感，"象"是心物相互作用与摩荡的产物。所以，"象"只能被视作出自"想像"的"彷佛近似"之物。也即是来氏在《周易集注·系辞上传》中所说的"象者，物之似"①。虽然来氏对"象"进行了种种规定和限制，为"象"的创造加入了主观情思的成分，但"象"归根结底还是代表着事物的外在形象，即"所谓象者，卦者，皆仪也。"（《两仪图》)②　来氏曰："有是气即有是形。资始者，气也。"（《周易集注·乾》)③ "形"由"气"生，"气"乃万物之"资始"，那么，在来氏美学思想中，"形"或"象"就属于形下之器。可为什么来氏会如此重视这形下之器呢？这就涉及他的道器观念。

在来氏哲学中，"太极""理""道""阴阳"等都被当作本体范畴，但我们可统一将它们概括为"气"，来氏哲学也表现出气一元论的特点④。来氏曰："阴阳之象皆形也。形而上者，超乎形器之上，无声无臭，则理也，故谓之道。形而下者，则囿于形器之下，有色有象，止于形而已，故谓之器。"（《周易集注·系辞上传》)⑤ "象"代表着事物的形象，它是有限的形下之器；"气"是万物的本体，它超越有限的形象，是形上之道。道器具有形上形下之分，但实不相离，如来氏《古太极图叙》曰：

天地间形上形下，道器攸分，非道自道，器自器也。器

---

① 来知德. 周易集注［M］//景印文渊阁四库全书：第32册. 台北：台湾商务印书馆，1986：338.
② 郑灿，订正. 易经来注图解［M］. 成都：巴蜀书社，1989：27.
③ 来知德. 周易集注［M］//景印文渊阁四库全书：第32册. 台北：台湾商务印书馆，1986：67.
④ 贾顺先，戴大禄. 四川思想家［M］. 成都：巴蜀书社，1988：381.
⑤ 来知德. 周易集注［M］//景印文渊阁四库全书：第32册. 台北：台湾商务印书馆，1986：364.

即道之显诸有，道即器之泯于无。虽欲二之，不可得也。……是故天一也，无声无臭，何其隐也；成象成形，何其显也。然四时行，百物生，莫非其于穆之精神无方，《易》无体，不离乎象形之外。①

虽然"道"是本体，"器"是现象，但"器"是"道"的显现，"道"是"器"的生命之源和原动力。"道""器"如"众沤"与"大海"一样并非两物，而是一物之两种存在状态。纷繁复杂的现象界是"道"的显现，"道"寓于其中，"道"又是现象运行的原动力和最终趋向。正如来氏所言，作为本体的"天一"，如果没有显现为具体的"形象"，那么，它将无法发挥本体之大用，无法为人们所知。所以，形上形下、道器、象气互为前提，它们之间是一种显隐关系，是一体之二用，不可视作两物。

在来氏这种"即道即器"的观念中，"象"虽是形下之器，但可"假象以寓理"（《周易集注·系辞下传》)②、"理寓于象数之中"（《周易集注·系辞上传》)③，王弼之"得意忘象"根本行不通。因为"忘象"的同时，也意味着忘掉了"意""气""理"。所以，"舍象不可以言《易》"，无体之《易》"不离乎象形之外"。此外，来氏还进一步倡导："人惟即其象之可见，以求其不可见，则形上形下一以贯之，而阴阳生生不测者流通充满，触处皆然矣。"（《六十四卦反对变与不变图》)④ 故"象"不仅不能"忘"，还应通过对"象"的把握与

---

① 郑灿，订正. 易经来注图解 [M]. 成都：巴蜀书社，1989：555.
② 来知德. 周易集注 [M] //景印文渊阁四库全书：第32册. 台北：台湾商务印书馆，1986：374.
③ 来知德. 周易集注 [M] //景印文渊阁四库全书：第32册. 台北：台湾商务印书馆，1986：359.
④ 郑灿，订正. 易经来注图解 [M]. 成都：巴蜀书社，1989：567.

玩味、通过事物有限的形式，去体证隐匿在"象"中的阴阳生生之道。当人即"象"而体"道"，就可贯通天人，融合物我，最终进入那"吾身即天地""上下同流，万物一体"（《心易发微伏羲太极之图》）① 的天地境界。在这种境界中，人才能真正像来知德所说的那样"触处皆然矣"。

二、"格物者，格去其物欲也"

"格物"是儒家哲学中一个十分古老的概念。早在《礼记·大学》中就有记载："致知在格物，物格而后知至。"② 作为"八目"之基的"格物"就是探析事物的本质。汉代郑玄为"格物"增添了伦理色彩，郑《注》曰："格，来也。物，犹事也。其知于善深则来善物，其知于恶深则来恶物，言事缘人所好来也。"③ 唐代李翱进一步说："物者，万物也。格者，来也，至也。物至之时，其心昭昭然明辨焉，而不应于物者，是致知也，是知之至也。……此所以能参天地者也。"（《复性书中》）④ "格物"在此已从探析事物的本质发展到了明辨善恶是非，可助人达到与天地相参的境界。随后，朱熹又说："格，至也；物，犹事也，穷极事物之理，欲其极处无不到也。"（《大学章句》）⑤ "格物"就是穷究和体证那宇宙本源之理，明确提出它是通向本体的一种工夫和修为。用蒙培元先生的话概括就是："格物之学最终是要

---

① 郑灿，订正. 易经来注图解［M］. 成都：巴蜀书社，1989：557.
② 郑玄，注. 孔颖达，疏. 礼记正义［M］//阮元，校刻. 十三经注疏：下册. 北京：中华书局，1980：1673.
③ 郑玄，注. 孔颖达，疏. 礼记正义［M］//阮元，校刻. 十三经注疏：下册. 北京：中华书局，1980：1673.
④ 李翱. 李文公集：第2卷［M］. 四部丛刊本.
⑤ 朱熹. 四书章句集注［M］. 北京：中华书局，1983：4.

把握全体，即天地万物的总规律。"① 这基本成为后世理解"格物"的共识。

在来氏看来，"格"不是"来""至"，"物"也不是"事""万物"。他认为："格物者，格去其物欲也。"（《入圣功夫字义·格物》）② 具体地说："盖已也、忿也、欲也、怒也、过也、色也、勇也、得也，皆《大学》之所谓物也；克也、惩也、窒也、不迁也、不二也、三戒也，皆格之之意也。"（《格物诸图引》）③ 可见，"格"就是革除、摒弃，"物"不是外物，而是因外物引起的种种喜怒哀乐、好美恶丑等欲望贪念，即"物欲"，"格物"就是革除物欲。这是来氏"格物"理论的最基本含义。

来知德承孟子性善之说而认为："人性本善，其不善者蔽于物欲也。"（《周易集注·系辞下传》）④ 人之所以有善恶、凡圣之别，是因为人性被"物欲"所遮蔽。而来氏之"格物"就是要去除遮蔽人们的"物欲"，使人性重归于善。而"善者，天理也，吾性之本有也。过者，人欲也，吾性之本无也。理欲相为乘除，去得一分人欲，则存得一分天理"（《周易集注·益》）⑤，所以，"格物"就是去除物欲而证得天理。能够体证天理的人或心，就是一种"大人""圣人"境界，如"天理之公，而无一毫人欲之私。……虽天之所已为，我知理之如是，奉而行之，而我亦不能违乎天，是'大人'合天也。盖以理为

---

① 蒙培元. 理学范畴系统［M］. 北京：人民出版社，1989：349.
② 来知德. 重刻来瞿唐先生日录：内篇卷3［M］//续修四库全书：第1128册. 上海：上海古籍出版社，2002：114.
③ 来知德. 重刻来瞿唐先生日录：内篇卷2［M］//续修四库全书：第1128册. 上海：上海古籍出版社，2002：32.
④ 来知德. 周易集注［M］//景印文渊阁四库全书：第32册. 台北：台湾商务印书馆，1986：383.
⑤ 来知德. 周易集注［M］//景印文渊阁四库全书：第32册. 台北：台湾商务印书馆，1986：240.

主，天即我，我即天，故无后先彼此之可言矣"（《周易集注·
乾》）①。因此，去欲明理之"格物"最终导人进入天人合一的境界。
从这一点上看，来知德与朱熹虽对"格物"的理解有所不同，但其终
极目的是一致的。不过，来知德并未就此止步，他将"格物"继续引
入了美学领域。

其实，理学家常论及的"道心"和"人心"，究其本质，实为一
心之两面。所以，来氏曰："天理人欲同行异情"（《发念处即遏三大
欲》）②、"遏人欲天理自见矣"（《一理图》）③。当人"格物"之后，
心中之欲荡然无存，满满皆是天理或仁义礼智信（"五性"），因为
"五性虽是五者，乃一理也"（《一理图》）④。而在来氏看来，"五性"
是十分美妙的东西，他在《五性为三欲所迷图》中描绘道："五性其
植立如松柏""五性其光明如日月""五性其散布如金""五性其美粹
如玉"，"三欲便是包裹玉之顽石，格物功夫是凿石之钻"。⑤ 所以，
"格物"就是断灭人欲、显现天理的工夫，它让人彰显"五性"之至
美，由凡入圣，进入天人合一的境界，而这一境界不仅是道德的境界，
它还是审美的境界。这种审美之境给人的不是物欲之乐，而是无欲之
乐、自得之乐、孔颜之乐，如"格物者，格去其物欲也，格去其物则
无欲而一矣。……既得此一即乐矣。……无欲，则忘身、忘家，即隐

---

① 来知德. 周易集注［M］//景印文渊阁四库全书：第32册. 台北：台湾商务印书
馆，1986：79.
② 来知德. 重刻来瞿唐先生日录：内篇卷2［M］//续修四库全书：第1128册. 上
海：上海古籍出版社，2002：33.
③ 来知德. 重刻来瞿唐先生日录：内篇卷2［M］//续修四库全书：第1128册. 上
海：上海古籍出版社，2002：43.
④ 来知德. 重刻来瞿唐先生日录：内篇卷2［M］//续修四库全书：第1128册. 上
海：上海古籍出版社，2002：42.
⑤ 来知德. 重刻来瞿唐先生日录：内篇卷2［M］//续修四库全书：第1128册. 上
海：上海古籍出版社，2002：41.

者也，岂不是做宰相即做隐者。……盖无欲即乐，所以周茂叔每教人
寻孔颜之乐者"（《入圣功夫字义·格物》）①。

"格物"不仅革除物欲而显现天理，它还让人彰显人性之至美、
获得真正的快乐。此外，来氏还将"格物"与审美判断相联系而论
之。在《省觉录》中，来氏将"口之于味、目之于色、耳之于声、四
肢之于安佚"皆视作"形之所欲"②，而人的"美色""宫室之美"等
美的事物尽当去之。所以，来氏在"格物"的同时也格掉了"美"。
因为这些美的事物激发人的欲望，让人不断追求与相互争夺，从而危
害人自身与社会。但来氏是不是就要追求"丑"呢？答案当然是否定
的。《省觉录》载：

> 问："绝四之后，此心景象如何？"予曰："如明镜、如
> 止水。"曰："有物感之时，此心又何如？"予曰："亦如明
> 镜、亦如止水。"盖此心虽有外物之感，然物各付：物妍者，
> 吾与之以妍；媸者，吾与之以媸。③

"绝四"就是绝去口、目、耳、身之四种欲望，包含对美好事物
的欲求。从这个意义上讲，"绝四"就是"格物"，就是格去心中的物
欲，让心如"明镜止水"，不为外物所扰。所以，面对"妍者"，我就
让它妍，面对"媸者"，我就让它媸，我不对它们进行高低评判，吾
心不是去求美去丑，也不是求丑去美，而是将占有自然的返还给自然，

---

① 来知德. 重刻来瞿唐先生日录：内篇卷3//续修四库全书：第1128册. 上海：上海
　古籍出版社，2002：114－116.
② 来知德. 重刻来瞿唐先生日录：内篇卷5［M］//续修四库全书：第1128册. 上
　海：上海古籍出版社，2002：120.
③ 来知德. 重刻来瞿唐先生日录：内篇卷5［M］//续修四库全书：第1128册. 上
　海：上海古籍出版社，2002：120.

让物无论美丑"是其所是"地存在着。"是其所是"的存在之物就是本然之物，吾心在其中见出了物之生命本真，同时也见出了自我之生命本真。此时，心物契合、物我同一，进而到物即我、我即物、天即我、我即天的"我与天一"（《省觉录》）①的境界。这也是他在《入圣功夫字义·理》中所说的："良知本体发见，此心如明镜矣。以之照物，妍者自妍，媸者自媸，所以能同然。"②质言之，"格物"就是革除物欲、显现天理，从而超越美丑之辨，见出物我生命之本真，在"成物"与"成己"之间实现集真善美为一体的"天人合一"。

三、"文能载道，何害于文"

吕思勉先生曾说："儒家之真精神，贯注社会政治方面。其视为重要之问题，为教养二者。宋儒尚承袭此精神。"③因此，在儒家美学传统中，文学艺术不只被视为满足审美娱乐作用的艺术，文艺还被当作道德劝诫、伦理教化的工具和载体。《论语·八佾》载："子谓《韶》，尽美矣，又尽善也。谓《武》，尽美矣，未尽善也。"④孔子倡导文艺应像《韶》乐那样"尽善尽美"。而"善"正蕴含着文艺应发挥的伦理道德功用。汉唐之际，儒家这种伦理主义美学观得到进一步发展，变得更加细化与明确，如王符曰"诗赋者，所以颂善丑之德，

---

① 来知德. 重刻来瞿唐先生日录：内篇卷5［M］//续修四库全书：第1128册. 上海：上海古籍出版社，2002：120.

② 来知德. 重刻来瞿唐先生日录：内篇卷4［M］//续修四库全书：第1128册. 上海：上海古籍出版社，2002：104.

③ 吕思勉. 中国文化史［M］//黄永年，记. 吕思勉文史四讲. 北京：中华书局，2008：146.

④ 何晏，注. 邢昺，疏. 论语注疏［M］//阮元，校刻. 十三经注疏：下册. 北京：中华书局，1980：2469.

泄享乐之情也，故文雅以广文，兴喻以尽意"（《潜夫论·务本》）①；白居易曰"为文者，上以纫王教，系国风；下以存炯戒，通讽谕"（《议文章》）②。这种文艺观念发展到理学开山祖师周敦颐那里，就被凝练和深化为"文所以载道"（《通书·文辞》）③。一方面，文艺应发挥教化功能和应具有道德内容因"文以载道"的提出而进一步强化；另一方面，"文"被视作通往形上之理的桥梁。可是，到了程颐那里，原本重视道德教化功能的儒家美学观却转变为以"道"否定文艺的"作文害道"④ 观。这就将文艺完全排除在理学修为论之外，因为："凡为文不专意则不工，若专意则志局于此，又安能与天地同其大也？"（《河南程氏遗书·伊川先生语四》）⑤

明代是程朱理学独尊的时代，理学是明王朝一以贯之的官方哲学，国家行政、社会生活、学术思想、教育科举皆以此为标准，清代朱彝尊《道传录序》所谓"言不合朱子，率鸣鼓百面攻之"⑥ 正是对这一时期思想风貌的形象诠释。据明代高斋应《瞿唐先生传》可知，来知德多次参加科举考试，虽屡试不第，但至少可推知他为参加科举考试而长期学习程朱理学。不过，来氏并未因此而完全臣服于程朱理学，"割断科目一条肠，圣贤由我做"⑦，可见出他欲冲破理学束缚的精神。在文艺方面，这种精神就展现为来氏提出的"文能载道，何害

---

① 王符. 潜夫论笺校正 ［M］. 汪继培，笺，彭铎，校正. 北京：中华书局，1985：19.

② 白居易. 策林六十八 ［M］//白氏长庆集：卷48. 四部丛刊本.

③ 周敦颐. 周敦颐集 ［M］. 北京：中华书局，2009：35.

④ 程颢，程颐. 二程集：上册 ［M］. 北京：中华书局，2004：239.

⑤ 程颢，程颐. 二程集：上册 ［M］. 北京：中华书局，2004：239.

⑥ 朱彝尊. 曝书亭集：上册 ［M］. 上海：世界书局，1937：435.

⑦ 高斋映. 瞿唐先生传 ［M］//梁山县志：第4册. 台北：成文出版社，1976：1071.

于文"（《三心图》）①，以挑战"作文害道"的观点。

来知德首先从个人的审美体验证得程子之说值得商榷。《省觉录》载：

> 先辈云："万物静观皆自得。"又云："月到天心处，风来水面时。"此景极有兴趣。识得此趣，便是鸢飞鱼跃活泼泼地。我终日有此趣，便就坦荡荡无入而不自得。所以尘视冠冕，然识此趣岂幸得哉！孟子，集养功夫所到也。②

通过对诗文的玩味，不仅可以得知诗人的兴趣，还可让自己获得相应的审美愉悦之情，让精神高蹈超脱，即"鸢飞鱼跃活泼泼地"。来氏曰："'君子坦荡荡'，物欲也。"（《大学古本·格物》）③ 所以，对诗文的玩味还可将人引入"坦荡荡无入而不自得"的境界，即物欲尽除、天理自现的天人合一境界。在这由"文"到"道"的过程中，世间一切功名利禄皆是过眼云烟，唯有那天理、良知才是人性追求的永恒目标，才是人生中真正的快乐。因此，创作"文"、欣赏"文"犹如孟子"集义养气"的功夫，不仅不害"道"，还助人去除人欲、证得天理，最终达到"我与天一"的境界。

在来知德的思想中，"作文"不仅不害"道"，还有利于得"道"，程子所谓"作文害道"有以偏概全的缺陷，因为"文"具有很多种类。他说："汉文辞胜，其文浓，其味厚。宋文理胜，其文淡，其味

---

① 来知德. 重刻来瞿唐先生日录：内篇卷2［M］//续修四库全书：第1128 册. 上海：上海古籍出版社，2002：50.

② 来知德. 重刻来瞿唐先生日录：内篇卷5［M］//续修四库全书：第1128 册. 上海：上海古籍出版社，2002：126.

③ 来知德. 重刻来瞿唐先生日录：内篇卷3［M］//续修四库全书：第1128 册. 上海：上海古籍出版社，2002：77.

薄。汉文如王妃公主之妆，珠宝罗绮灿烂摇曳。宋文如贫家之女，荆
钗布裙，水油盘镜而已，而姿色则胜于富贵之家也。"（《历代文章大
混沌》)① 在"汉文辞胜"与"宋文理胜"的对比中，我们可知，汉
文文辞华美，气势磅礴，而宋文则长于说理，语言平实素朴。而来知
德认为，素朴之宋文胜于华美之汉文。这符合来氏提出的"格物"理
论，因为汉文偏于审美化和艺术化，这正是"物欲"产生的原因之
一，必然成为"格物"的对象。所以，我们并不能认为来氏对汉宋进
行比较是为了区分两种诗文审美观，提出宋文胜于汉文也不是为了表
达"朴素的天然之美胜于盛装打扮的华贵之美，也就是天然之美胜于
人工装饰之美"。② 来知德对比两者的真正目的，是为了说明"文"
无害于"道"的观点。他紧接着说：

> 汉唐应制之文犹传于世，至本朝应制之文，即无一篇可
> 传，其文可知矣。文即不可传于世，则所刻程式之文，皆木
> 之灾也，终何用哉！盖政事可见人之德行，文章不可见人之
> 德行。政事者，躬行之事也；文章者，口说之话也。故当重
> 政事之科。(《历代文章大混沌》)③

"应制之文"是应帝王要求，彰显帝王优良品质和美德的文章。
来知德认为，这种文章值得传世，因为它可以发挥道德教化功用。而
那种无法见出人之德行的"程式之文"，不能也不值得传世，不能发

---

① 来知德. 重刻来瞿唐先生日录：内篇卷1 [M] //续修四库全书：第1128册. 上
　　海：上海古籍出版社，2002：20.
② 郑家治，李咏梅. 明清巴蜀诗学研究：上册 [M]. 成都：巴蜀书社，2008：111.
③ 来知德. 重刻来瞿唐先生日录：内篇卷1 [M] //续修四库全书：第1128册. 上
　　海：上海古籍出版社，2002：20 - 21.

挥相应的道德教化功能，来氏将之视为"木之灾"。所以，那些"不可见人之德行"的文章都应当被"格"。汉文正是这种文，过于注重审美形式而"不可见人之德行"，无法发挥道德教化的功用，所以当被"格"之。而宋文具有"应制之文"的特点，能彰显出"理"，就有道德内涵、教化功用，所以应当被宣扬、提倡，值得流传于世。因此，来氏曰："若说文害道，文行忠信之文、博我以文之文、君子懿文德之文、文不在兹之文，岂又一样文乎？文既害道，孔门四科，不必文学矣。"（《三心图》）① 如果一定要说"作文害道"，那么，"害道"之文应指过于偏重审美、形式而毫无道德内涵和教化作用的"美"文，而那些彰显高尚道德、提升人的道德境界、具有道德教化作用的文不仅不害"道"，还有助人消除"物欲"而"无欲"。来氏曰："无欲即与天同，纯是理矣。"（《入圣功夫字义·格物》）② 质言之，"文"不害"道"，"文"能载"道"、显"道"，人能通过"文"进入无欲自得、天人合一的境界。

四、结语

由"得意而忘象"到"舍象不可以言《易》"，由"即物而穷其理"之"格物"到"格去其物欲"之"格物"，以及"文能载道，何害于文"的提出，都彰显出来知德美学思想不臣服于权威、不恪守于传统的勇于开拓创新的特点。这是"巧思勤作、不畏艰险、勇于开

---

① 来知德. 重刻来瞿唐先生日录：内篇卷 2 ［M］//续修四库全书：第 1128 册. 上海：上海古籍出版社，2002：49－50.

② 来知德. 重刻来瞿唐先生日录：内篇卷 3 ［M］//续修四库全书：第 1128 册. 上海：上海古籍出版社，2002：116.

拓"①的巴蜀文化精神在来氏美学思想中的折射，也是巴蜀美学精神的一个缩影。此外，来氏美学还是对当时时代的一种回应。明中叶以后，商品经济发展，市民阶层扩大，再加上心学崛起与流行，社会上出现了一股崇尚虚华、追求享乐的风气。来知德以"象"为中心解《易》，宣扬"格去其物欲"的"格物"理论，重倡"文能载道"的观念，其实是针对当时世风日下的现实状况提出的美学理论。来知德虽后半生隐居在今重庆万州演易村的虬溪山中，潜心学术，不问世事，但他的美学思想却依然充满着现实关怀。总之，来知德美学思想不仅彰显出巴蜀文化和审美精神，还是对明代社会现实的一种回应，是我们今日进行巴蜀美学和明清美学研究应充分重视的内容。

第三节　"川西夫子"刘沅的音乐美学思想

　　清朝是中国古代最后一个封建王朝。虽然在政治上，清朝替代了明朝，但在思想文化上，尤其是官方意识形态上，清朝却是对明朝的继承，依然施行以儒为宗、独尊理学的文化政策，即《清实录·世祖章皇帝实录》记载的"崇儒重道"②的思想文化政策。这也使清代开国以来的音乐美学呈现出扬教化、重节制的倾向，如王夫之曰："乐之为教……以移易性情而鼓舞以迁于善者，其效最捷。"（《礼记·乐记章句》）③ 李塨曰："刚柔皆善也，而其流或过刚而杀伐，或过柔而淫靡，则均失之。"（《李氏学乐录》）④ 作为清代文化之一部分的清代

---

① 张在德，唐建军. 中国地域文化通览：四川卷［M］. 北京：中华书局，2014：7.
② 清朝官修. 清实录：第3册［M］. 北京：中华书局，1985：585.
③ 王夫之. 礼记章句［M］//船山全书：第4册. 长沙：岳麓书社，1988：887.
④ 李塨. 李氏学乐录［M］. 上海：商务印书馆，1939：51.

巴蜀区域文化，具有与清代大文化相一致的特性。虽然明清易代，巴蜀地区经历了严重的战争灾难，经济、政治、文化等各方面遭受到严重破坏。但是，无论是张献忠大西政权采取的恢复四川经济的举措，还是后来清政府施行的一系列治蜀政策，都对清代巴蜀地区的政治、经济和文化产生了积极的作用。其中，"崇儒重道"的思想文化政策也输入巴蜀，并渗入巴蜀地区的地方学校教育之中，"四书五经"成为学校教材，影响着清代巴蜀学人的思想和观念。而"川西夫子"（《国史馆本传·刘沅传》）① 刘沅（1767—1855，今成都双流人）及其《乐记恒解》中的音乐美学思想正是在这种文化环境中孕育和生成的，具有明显的巴蜀文化特色。

一、音乐本体论

本体，指"一物之本然"②，对本体的反思与考察就是本体论。而本体论是宋明理学所探讨的重要问题之一。如前文所述，清代依然是以儒为宗、独尊理学的时代，程朱理学占据着清王朝思想的主流，清代巴蜀地区自然不能例外。在程朱理学的影响下，刘沅提出以"气"为本的本体论，如"盖未有天地之始，及既有天地之后，只是一气弥纶，此气无声无臭，莫测其由，安知其极，而实天地之所由来。天包乎地，而此气乃统天，为万物之资始"（《正讹》卷四）③。在刘沅看来，"气"是先天地而生的混沌状态，天地万物都由"气"而生，同时，天地产生之后，"气"又寓于其中。其实，这种"气"本论并非

---

① 刘沅. 槐轩全书：第 1 册［M］. 成都：巴蜀书社，2006：7.
② 张岱年. 中国哲学大纲［M］. 北京：中国社会科学出版社，1982：7.
③ 刘沅. 槐轩全书：第 9 册［M］. 成都：巴蜀书社，2006：3537.

刘沅首创，而是对理学前贤的韶承。在二程那里，作为本体范畴和宇宙万物本源的是"理"，即"理者，实也，本也"（《河南程氏粹言·论道篇》）①、"万物一理"（《河南程氏粹言·论道篇》）②，"气"还只是"理"化生万物的中介，如"万物之始，皆气化"（《河南程氏遗书·二先生语五》）③。不过，在这种"理"—"气"—"物"的哲学体系中，"气"还是具有仅次于本体之"理"的地位。后来，朱熹与二程一样认为"理"是宇宙万物的本体，并且明确提出："天地之间，有理有气。理也者，形而上之道，生物之本也；气也者，形而下之器也，生物之具也。"（《答黄道夫》）④ 虽然"理""气"具有形上形下之分，但朱熹又曰："无是气，则是理亦无挂搭处"（《朱子语类·理气上》）⑤；"理与气本无先后之可言"（《朱子语类·理气上》）⑥；"理在气中，如一个明珠在水里"（《朱子语类·性理一》）⑦。所以，"气"发展到朱子理学中，其地位已经明显提升，"气"与"理"成为宇宙本体之两面。由此可见，刘沅之"气"本论具有深厚的理学渊源，是在程朱理学基础上发展而来的，而他的音乐本体论又是在此基础上提出的。

在《礼记·乐记》中，还没有专门涉及音乐本体论问题的内容，而只有音乐发生论的内容。刘沅则在《乐记恒解》中，以"气"为基础，探讨了音乐的本体论问题。他说："人得阴阳五行之正气，心之

---

① 程颢，程颐. 二程集：下册 [M]. 北京：中华书局，2004：1177.
② 程颢，程颐. 二程集：下册 [M]. 北京：中华书局，2004：1180.
③ 程颢，程颐. 二程集：上册 [M]. 北京：中华书局，2004：79.
④ 朱熹. 朱子文集：第3册 [M]. 上海：商务印书馆，1936：216.
⑤ 黎靖德. 朱子语类：第1册 [M]. 北京：中华书局，1986：3.
⑥ 黎靖德. 朱子语类：第1册 [M]. 北京：中华书局，1986：3.
⑦ 黎靖德. 朱子语类：第1册 [M]. 北京：中华书局，1986：73.

所发，而五音备焉。"（《乐记恒解》）① 所谓"心之所发，而五音备焉"与《礼记·乐记》之"凡音者，生于人心者也"② 一致，认为音乐是由人心或情感所催使创作的。但刘沅还关注了"心"之前的问题，即人之不存何来"心"。刘沅曰："天地气化不时，则物不能生。"（《乐记恒解》）③ "物"指包括人在内的宇宙万物。显然，"气"是宇宙万物的生命本源，无"气"，则无天地之运作摩荡，那么生命、万物、人都不存在。所以，"心之所发，而五音备"有一个必要前提，就是人的存在、生命的存在，即"人得阴阳五行之正气"。有了"气"的运作摩荡，人才有生命、才得以生存。在此基础上，才可谈"心"与音乐的关系。质言之，"气"是宇宙万物的本体和生命本源，无"气"即无生命、无人、无音乐之产生，"气"乃音乐之本体。

"气"是宇宙万物的本体，也是音乐的本体。但刘沅有时也"理""气"混用，因为："一元者，气也，即理也。理宰乎气，气载乎理，理气安可强分哉？"（《正讹》卷八）④ 所以，言"理"即言"气"。刘沅曰："性，天理而已。天理无不善，人得之以为性。"（《正讹》卷七）⑤ "性"就是本体之气或理落实于人，即人中之气或理。而"气"落实于音乐又是什么呢？刘沅称其为"自然"之乐，如：

　　天地将为昭，天地本有自然之理气，而礼乐足以发之，故天地益为昭明也。……礼乐备则天地为昭。（《乐记恒

① 刘沅. 礼记恒解［M］//十三经恒解：第6卷. 成都：巴蜀书社，2016：279.
② 郑玄，注. 孔颖达，疏. 礼记正义［M］//阮元，校刻. 十三经注疏：下册. 北京：中华书局，1980：1528.
③ 刘沅. 礼记恒解［M］//十三经恒解：第6卷. 成都：巴蜀书社，2016：285.
④ 刘沅. 槐轩全书：第9册［M］. 成都：巴蜀书社，2006：3616.
⑤ 刘沅. 槐轩全书：第9册［M］. 成都：巴蜀书社，2006：3602.

解》）①

　　天地定位，而成象成形者燦然、秩然，即造化自然之礼也。其各正性命，保合太和，乐即在其乎中。（《乐记恒解·附解》）②

　　虽然，"气"是宇宙万物的本体，宇宙万物由其化生，但化生万物之"气"并不游离于万物之外而是就在万物之中。所以天地本有"自然之理气"，天地按照内在于它们自身的生命本体与运行规律而造作。天地造作而"成象成形"者为"造化自然之礼"，造作而"各正性命，保合太和"者为"造化自然"之乐。可以说，此"乐"不同于人们创作出的音乐，而是自然造化之大乐。质言之，"自然造化"之乐是本体之"气"落实于音乐的产物，犹如"气"落实于人为"性"一样。

　　总之，"气"是宇宙万物的本体及生命，由于有了"气"及其运作，才有包括人在内的宇宙万物，人"心"受外物所感而为音才成为可能。所以，"气"就是音乐的本体。

二、音乐发生论

　　在刘沅看来，"气"是宇宙万物的本体及生命，亦是音乐的本体。刘沅曰："阴阳者天地之气，天地者阴阳之质，非有二也。"（《乐记恒解》）③ 可见，"气"即阴阳、即天地。所以，所谓"礼乐本乎天地"

---

① 刘沅. 礼记恒解 [M] //十三经恒解：第6卷. 成都：巴蜀书社，2016：290.
② 刘沅. 礼记恒解 [M] //十三经恒解：第6卷. 成都：巴蜀书社，2016：298.
③ 刘沅. 礼记恒解 [M] //十三经恒解：第6卷. 成都：巴蜀书社，2016：285.

(《乐记恒解》)① 即说明，礼乐以"气"为本。但同时，刘沅又曰：
"乐与礼皆本乎人心"（《乐记恒解》)②；"礼乐之器与文，不外乎此，
而其本则本乎人心"（《乐记恒解》)③。显然，刘沅在此又认为，音乐
以"心"为本，与前文所述的乐以"气"为本相互矛盾。但实质并非
如此，因为在刘沅的美学思想中存在着两种"乐"。刘沅曰：

> 天地有自然之礼乐，圣人法之以为礼乐，故礼乐明备，
> 天地各得其位。高下别尊卑，而万物散殊，各有其序，此自
> 然之礼。一元流行不息，万物合同生化，此自然之乐。……
> 礼乐本天地自然之节，自然之和。(《乐记恒解》)④

天地之中本身就存在高低上下等现象，而且各自按照各自所处的
位置存在和运行着，这就是"自然之礼"；自然万物虽有高低上下之
别，但它们按照统一的原则和规律运行不息，毫无挂碍，甚至还相互
配合、互助互生，这就是一种"自然之乐"。这种"自然之礼乐"其
实就是"气"的运行与造作，故曰："天地有自然之礼乐。"而"圣人
之乐"正是对这种"气"之礼乐的效法，所以"圣人之乐"也是一种
"自然之礼乐"。由此而论，"天地自然之乐"和"圣人之乐"是以
"气"为本的音乐，而不是本于"心"的音乐。

那么，什么才是本于"心"的音乐呢？刘沅认为，是非"圣人"
创作的音乐。《礼记·乐记》曰："凡音之起，由人心生也。人心之

---

① 刘沅. 礼记恒解 [M] //十三经恒解：第6卷. 成都：巴蜀书社，2016：283.

② 刘沅. 礼记恒解 [M] //十三经恒解：第6卷. 成都：巴蜀书社，2016：290.

③ 刘沅. 礼记恒解 [M] //十三经恒解：第6卷. 成都：巴蜀书社，2016：283.

④ 刘沅. 礼记恒解 [M] //十三经恒解：第6卷. 成都：巴蜀书社，2016：284.

动，物使之然也。感于物而动，故形于声。声相应，故生变，变成方，谓之音。比音而乐之，及干戚、羽旄，谓之乐。"① 这种由外物刺激人心而产生相应的情感，再由情感促使人进行有节奏的声音表达、手舞足蹈就是非"圣人"之乐。它是物刺激心的结果，是情感的外化。刘沅继承了这种思想，他所谓的"本乎人心"的音乐正是这种音乐。而音乐发生论也只能在此范围内才有效。

《礼记·乐记》曰："其哀心感者，其声噍以杀。其乐心感者，其声啴以缓。其喜心感者，其声发以散。其怒心感者，其声粗以厉。其敬心感者，其声直以廉。其爱心感者，其声和以柔。"② 可见，音乐是人心的外化，是情感的表达，不同的情感状态就会创作出不同风格的音乐。刘沅对此解释道："六者皆情致所触，性本静寂，情则随感而动。"（《乐记恒解》)③ 这就是"物"→"性"→"情"→"声"的音声发生原因和过程。刘沅曰："出口为声，声有应和为音。"（《乐记恒解》)④ "声"只是一种情感的表达，多种"声"按一定的规律排列、相互应和就是"音"，"音"已经具有一定的艺术性和审美性了，"声"还不能等于"乐"。所以，刘沅在这里还只完成了音乐发生论的一半，或者说，只解决了音乐之构成元素（"声"）发生的问题。

刘沅《乐记恒解》引孔颖达《疏》曰："乐无体，由声而见，故为乐之象。声无曲折，则太质素，故以文采节奏饰之，使美。"⑤ 可以说，"乐"是由"声"组成的，只不过"声"不是杂乱无章、毫无节

---

① 郑玄，注. 孔颖达，疏. 礼记正义 ［M］//阮元，校刻. 十三经注疏：下册. 北京：中华书局，1980：1527.
② 郑玄，注. 孔颖达，疏. 礼记正义 ［M］//阮元，校刻. 十三经注疏：下册. 北京：中华书局，1980：1527.
③ 刘沅. 礼记恒解 ［M］//十三经恒解：第6卷. 成都：巴蜀书社，2016：280.
④ 刘沅. 礼记恒解 ［M］//十三经恒解：第6卷. 成都：巴蜀书社，2016：279.
⑤ 刘沅. 礼记恒解 ［M］//十三经恒解：第6卷. 成都：巴蜀书社，2016：289.

制的声音，而是有"文采""节奏"加以修饰后的"美"的声音。刘沅曰："音生于人心而乐成于律吕。"（《乐记恒解》）① 这可视作刘沅音乐发生论的精当概括。一方面，音乐的产生或创作需要外物刺激人心而产生相应的情感，由情感促使人发出相应的声音，即"音生于人心"，这种声音将成为构成音乐的最基本元素。另一方面，声音产生后，需要人运用一定的艺术技术和知识对声音加以修饰，使之形成一定的文采节奏，甚至加以舞蹈、乐器相配合，即"乐成于律吕"，最终形成具有审美性和艺术性的音乐，即"美"音。

要言之，刘沅的音乐发生论本质上是在非"圣人"之乐的领域中展开论述的。他提出"音生于人心而乐成于律吕"的观点，涵盖了音乐创作的情感元素和技巧元素两个方面，是在《礼记·乐记》思想基础上的进一步融合与创新。

三、音乐价值论

如前文所述，由于受到清代特殊的思想文化环境的影响，清初一些学者提倡音乐应发挥道德教化作用，音乐的创作和欣赏应该对情感产生节制，所以音乐的价值体现为平和人心、安定社会。进入清中叶后，许多学者不满于宋儒那种"空疏"的学术风气，转而致力于对儒家经典的考据工作，通过对字义名物的考证，绕开宋明新儒学而直指原始儒学。随着清代学术的转向，清代音乐美学也出现一种不同于扬教化、重节制的崇尚本色、自然的审美追求。如徐大椿曰："曲之

---

① 刘沅. 礼记恒解［M］//十三经恒解：第6卷. 成都：巴蜀书社，2016：291.

变……乃风气自然之变，不可勉强者也"（《乐府传声·源流》）①；"若其体则全与诗词各别，取直而不取曲，取俚而不取文，取显而不取隐。……直必有至味，俚必有实情，显必有深义"（《乐府传声·元曲家门》）②。美国学者阿尔伯特·克雷格（Albert M. Craig）说："中国西南部，多山，地处内陆，人口较少，位于中国中心地带的边缘。"③ 也正是由于巴蜀地处西南，并且是中国中心之"边缘"，清代文化转向无法有效迅速地传入和影响蜀地，所以才使得刘沅的音乐美学思想依然以理学及其文艺观念为准则，他说："天生物以养人，而不能使之自养。予人以善性，而不能使之自善。故立之君长，君亦不能一人理也，必任贤臣。君臣有盛德，而礼乐制度精焉，人伦明焉，贤父师众焉。"（《恒言·人道类》）④ 可以说，在刘沅眼里，礼乐（或音乐）是一种协助君臣发挥明人伦、养善性的作用的工具。这也是音乐之价值所在。

音乐是明伦、养善性的工具，所以刘沅视之为"教化之要"（《乐记恒解》）⑤。不过，我们首先需要明确的是，刘沅所谓的这种"教化之要"的音乐是哪一种音乐，是本于"气"的天地之乐、圣人之乐，还是本于"心"的音乐。刘沅曰："天地和气，养育万物，而圣人本之，以为至和之乐。天地生成，节文万物，而圣人本之，以为至中之礼。皆天地自然、当然之礼，具于吾身，而该乎万物者，故同和同节

---

① 徐大椿. 乐府传声 [M] //续修四库全书：第 1758 册. 上海：上海古籍出版社，2002：499.

② 徐大椿. 乐府传声 [M] //续修四库全书：第 1758 册. 上海：上海古籍出版社，2002：500.

③ 阿尔伯特·克雷格. 哈佛极简中国史 [M]. 李阳，译. 北京：中信出版社，2016：166.

④ 刘沅. 拾馀四种 [M]. 清庚午年（1870）致福楼重刊本.

⑤ 刘沅. 礼记恒解 [M] //十三经恒解：第 6 卷. 成都：巴蜀书社，2016：286.

也。"(《乐记恒解》)① 圣人根据天地之气，效法其长养万物和节制万物的运作而创造了"至中至和"之乐，这种音乐正具备和谐万物和节制万物的功用。所以，刘沅所谓的能够发挥教化作用的音乐应指本于"气"的天地之乐、自然之乐、圣人之乐和至中至和之乐。

那么，具体说来，这种音乐有什么价值和作用呢？刘沅曰："礼乐，所以教民平其好恶，非欲人极口腹耳目之乐。"(《乐记恒解》)② 音乐的价值和作用就是"平好恶"，即消除百姓的喜好和憎恶之情。而百姓追求所"好"，去除所"恶"，其实就是一种"人欲"。朱熹曰："圣贤千言万语，只是教人明天理，灭人欲。"(《朱子语类·学六》)③ 所以，刘沅所谓的音乐之"平好恶"作用无疑契合了理学之"明天理，灭人欲"的永恒主题，因为"平好恶"就是平"人欲"，"人欲"即除，"天理"自现。另外，刘沅又曰：

> 人生而静，人生之初，粹然者浑然在中，此即所得于天中正之理而为性。至感物而动，则七情萦绕，是既生以后，形气所生，即为伐性之欲，非性至本然矣。……好恶触而形于外，未复性之人，内无主而好恶无节，知逐物而好恶遂倚于偏，不能反躬，以求其性之正，则性灭矣。（《乐记恒解》)④

人性天生处于"静"的状态之中，"静"就是"理"在人心中的

---

① 刘沅. 礼记恒解［M］//十三经恒解：第6卷. 成都：巴蜀书社，2016：283.
② 刘沅. 礼记恒解［M］//十三经恒解：第6卷. 成都：巴蜀书社，2016：281.
③ 黎靖德. 朱子语类：第1册［M］. 北京：中华书局，1994：207.
④ 刘沅. 礼记恒解［M］//十三经恒解：第6卷. 成都：巴蜀书社，2016：281-282.

体现，纯粹无欲，寂然不动。当外物与人相遭遇时，"性"之平静被打破，随之而起的就是"情"。"情"又带动了人的好恶追求的欲望，直至"性灭"。如果不节制情欲、平其好恶，那么就会产生"悖逆诈伪诸事，纷然以起……酿成大乱"（《乐记恒解》）① 的后果。所以，音乐之价值实为一种社会价值，它"平好恶"就是要平和人心、消除欲望，从而实现社会的安定、政权的稳固。当然，这是以理学之理欲关系为基础的。

刘沅倡导音乐必须要节制情欲、以平息好恶追求，让内心重新处于"静"的状态，是因为："哀乐喜怒之常，则情也。而性矣，惟圣人中和在抱，不任血气心知，而哀乐喜怒中节。"（《乐记恒解》)② 其实，这就是一种由"情"复"性"、灭"欲"明"理"的过程。刘沅又曰："礼节乐和，性情正而天理得。"（《乐记恒解》)③ 所以，音乐除了具有伦理教化、安邦固国的社会价值外，还具有个人精神境界方面的价值。因为通过音乐的调和、节制作用，人心再一次平和而处于"静"的状态，欲望追求、爱好得失皆荡然无存，唯有澄明精粹、寂然不动、纯善无欲之"性"充斥内心。这就是"人欲"寂灭、"天理"彰显的圣人境界，是一种集真善美为一体的"天人合一"境界。

质言之，刘沅之音乐价值论是对宋明理学的发挥。音乐首先应具有道德教化、安邦固国的作用和社会价值，扮演"教化之要"的角色。在此基础上，音乐应助人由"情"复"性"、灭"欲"显"理"，最终进入"天人合一"的圣人境界。

---

① 刘沅. 礼记恒解［M］//十三经恒解：第6卷. 成都：巴蜀书社，2016：282.
② 刘沅. 礼记恒解［M］//十三经恒解：第6卷. 成都：巴蜀书社，2016：286.
③ 刘沅. 礼记恒解［M］//十三经恒解：第6卷. 成都：巴蜀书社，2016：281.

四、结语

巴蜀地区的理学传统早在宋代就开始萌芽，周敦颐、二程在蜀地的学术活动以及巴蜀学人范祖禹、张栻、度正、魏了翁等的理学研究与推广，使得理学在巴蜀地区产生了广泛和深远的影响，"一定程度代表了宋元明清时期巴蜀文化发展的方向，使之由民间传授到被确定为社会意识形态的指导思想"①。明清易代，巴蜀地区虽遭受到战争所带来的严重灾难，经济、政治、文化受到了严重破坏，停滞不前，但随着清廷治蜀政策的有效实施以及清代文化思想政策的渗入，巴蜀思想文化便随之发展，程朱理学延续前代，成为清代巴蜀地区的主流思想。生于巴蜀、长于巴蜀的刘沅，正是在巴蜀理学文化传统和清代大文化背景的双重影响下，在《礼记·乐记》原有的音乐美学思想基础上，"以理入乐"，将"气"设置为音乐艺术的本体，视其为音乐发生和创作的基础，进而倡导音乐应具有由"情"复"性"、灭"欲"明"理"的价值和作用，最终使人进入集真善美为一体的"天人合一"的圣人境界。当然，我们也应从中见出巴蜀文化与美学精神的另一特点。刘沅生活在清代中期，此时，清代学术已发生了转型，戴震、阮元、焦循等人对理学进行质疑和批判，倡导对儒家典籍中的字义名物进行严密的考据，以绕过宋代理学，回到原始儒学。但是，由于巴蜀偏居西南，远离中心，并且处于相对封闭的盆地环境中，因此一个时代的"时尚"思潮对它的渗入和影响会具有一定的滞后性，所以，此时期的巴蜀思想文化呈现出一种恪守传统的保守性倾向。刘沅"以理

---

① 蔡方鹿. 宋代四川理学研究［M］. 北京：线装书局，2003：309.

入乐"的美学思想无疑具有这样的巴蜀文化倾向。总之，"川西夫子"刘沅的音乐美学思想是在巴蜀地域文化环境中生成的，具有巴蜀文化吸收本地以外文化思想（理学）的开放性的印记，但也体现出巴蜀文化及其美学精神较之同时代文化思想发展的一种滞后性和封闭性，而这种开放与封闭相结合特点正体现了"巴蜀文化的根本性质，是巴蜀文化最鲜明的历史个性"①。

---

① 张在德，唐建军. 中国地域文化通览：四川卷［M］. 北京：中华书局，2014：196.

参考文献

［1］阿尔伯特·克雷格. 哈佛极简中国史 ［M］. 李阳，译. 北京：中信出版社，2016.

［2］B. B. 波果斯洛夫斯基，等. 普通心理学 ［M］. 魏庆安，译. 北京：人民教育出版社，1981.

［3］白居易. 白氏长庆集 ［M］. 四部丛刊本.

［4］班固. 汉书：全12册 ［M］. 北京：中华书局，1962.

［5］鲍山葵. 美学三讲 ［M］. 周煦良，译. 上海：上海译文出版社，1983.

［6］卜正民. 哈佛中国史：全6卷 ［M］. 王兴亮，李磊，潘玮琳，等，译. 北京：中信出版社，2016.

［7］蔡方鹿. 魏了翁与宋代蜀学 ［J］. 社会科学研究，1992 (6).

［8］蔡方鹿. 宋代四川理学研究 ［M］. 北京：线装书局，2003.

［9］蔡方鹿. 北宋蜀学三教融合的思想倾向 ［J］. 江南大学学报 (人文社会科学版)，2011 (3).

［10］蔡方鹿. 巴蜀哲学、蜀学、巴蜀经学概论 ［A］. 地方文化研究辑刊：第6辑 ［C］. 成都：巴蜀书社，2013.

[11] 曹道衡，沈玉成. 中古文学史料丛考［M］. 北京：中华书局，2003.

[12] 曹峰. 近年出土黄老思想文献研究［M］. 北京：中国社会科学出版社，2015.

[13] 曹锦炎，沈建华. 甲骨文校释总集：全20卷［M］. 上海：上海辞书出版社，2006.

[14] 常璩. 华阳国志校注［M］. 刘琳，校注. 成都：巴蜀书社，1984.

[15] 晁公武. 郡斋读书志校证［M］. 孙猛，校证. 上海：上海古籍出版社，1990.

[16] 陈立. 白虎通疏证：全2册［M］. 北京：中华书局，1994.

[17] 陈世松. 蒙古定蜀史稿［M］. 成都：四川省社会科学院出版社，1985.

[18] 陈寿. 三国志：全5册［M］. 北京：中华书局，1964.

[19] 陈抟. 阴真君还丹歌注［M］//道藏：第2册. 北京：文物出版社，上海：上海书店，天津：天津古籍出版社，1988.

[20] 陈抟. 希夷易图［M］//杨慎. 升庵全集：第2册. 上海：商务印书馆，1937.

[21] 陈献章. 陈献章集：全2册［M］. 北京：中华书局，1987.

[22] 陈垣. 道家金石略［M］. 陈智超，曾庆瑛，校补. 北京：文物出版社，1988.

[23] 程登吉，原本. 邹圣脉，增补. 幼学琼林［M］. 长沙：岳麓书社，1986.

[24] 程颢，程颐. 二程集：全2册［M］. 北京：中华书

局，2004.

[25] 重庆中国三峡博物馆，重庆博物馆，编. 邓少琴遗文辑存 [M]. 重庆：西南师范大学出版社，2011.

[26] 崔豹. 古今注 [M]. 北京：中华书局，1985.

[27] 崔瑞德，鲁惟一. 剑桥中国秦汉史（公元前221—公元220年）[M]. 杨品泉，等，译. 北京：中国社会科学出版社，1992.

[28] 丹纳. 艺术哲学 [M]. 傅雷，译. 北京：人民文学出版社，1963.

[29] 邓少琴. 邓少琴西南民族史地论集：全2册 [M]. 成都：巴蜀书社，2001.

[30] 邓少琴. 巴蜀史迹探索 [M]. 成都：四川人民出版社，2019.

[31] 杜甫. 杜工部诗集 [M]. 北京：中华书局，1957.

[32] 杜光庭. 道德真经广圣义 [M] //道藏：第14册. 北京：文物出版社，上海：上海书店，天津：天津古籍出版社，1988.

[33] 杜维明. 论儒学的宗教性：对《中庸》的现代诠释 [M]. 段德智，译. 武汉：武汉大学出版社，1999.

[34] 段成式. 酉阳杂俎 [M]. 北京：中华书局，1981.

[35] 段渝. 巴蜀文化史 [M]. 成都：四川人民出版社，2012.

[36] 段渝. 四川简史 [M]. 成都：四川人民出版社，2019.

[37] 法藏. 修华严奥旨妄尽还源观 [M] //大正新修大藏经：第45卷. 台北：财团法人佛陀教育基金会出版部，1990.

[38] 范晔. 后汉书：全12册 [M]. 北京：中华书局，1965.

[39] 范仲淹. 范仲淹全集：全3册 [M]. 成都：四川大学出版

社，2007.

[40] 方立天. 佛教哲学 [M]. 北京：中国人民大学出版社，1986.

[41] 房玄龄，等. 晋书：全 10 册 [M]. 北京：中华书局，1974.

[42] 冯沪祥. 中国古代美学思想 [M]. 台北：台湾学生书局，1990.

[43] 丰家骅. 杨慎评传 [M]. 南京：南京大学出版社，1998.

[44] 冯天瑜，何晓明，周积明. 中国文化史 [M]. 上海：上海人民出版社，1990.

[45] 冯学成，等. 巴蜀禅灯录 [M]. 成都：巴蜀书社，1992.

[46] 冯友兰. 中国哲学简史 [M]. 涂又光，译. 北京：北京大学出版社，1985.

[47] 冯友兰. 贞元六书：全2册 [M]. 北京：中华书局，2014.

[48] 干宝. 搜神记 [M]. 北京：中华书局，1979.

[49] 高光复. 赋史述略 [M]. 长春：东北师范大学出版社，1987.

[50] 高建平. "美学" 的起源 [J]. 社会科学战线，2008（10）.

[51] 高翯映. 瞿唐先生传 [M] //梁山县志：第 4 册. 台北：成文出版社，1976.

[52] 葛洪. 西京杂记 [M]. 北京：中华书局，1985.

[53] 顾颉刚. 论巴蜀与中原的关系 [M]. 成都：四川人民出版社，2019.

[54] 郭庆藩. 庄子集释：全3册 [M]. 北京：中华书局，2004.

[55] 侯外庐. 中国思想史纲：全2册 [M]. 北京：中国青年出版社，1963.

[56] 胡经之. 中国古典美学丛编 [M]. 南京：凤凰出版社，2009.

[57] 胡瑗. 周易口议 [M] //景印文渊阁四库全书：第8册. 台北：台湾商务印书馆，1986.

[58] 胡昭曦. 陈抟里籍考 [J]. 四川文物，1986（3）.

[59] 胡昭羲，刘复生，粟品孝. 宋代蜀学研究 [M]. 成都：巴蜀书社，1997.

[60] 黄拔荆. 词史：全2卷 [M]. 福州：福建人民出版社，1989.

[61] 黄开国. 一代玄静的儒学伦理大师：扬雄思想初探 [M]. 成都：巴蜀书社，1989.

[62] 黄开国，邓星盈. 巴山蜀水圣哲魂：巴蜀哲学史稿 [M]. 成都：四川人民出版社，2001.

[63] 黄休复. 益州名画录 [M]. 成都：四川人民出版社，1982.

[64] 黄周星. 酒社刍言 [M] //丛书集成续编：第102册. 台北：新文丰出版公司，1989.

[65] 嵇康. 嵇康集校注 [M]. 戴明扬，校注. 北京：人民文学出版社，1962.

[66] 贾大泉，陈世松. 四川通史：全7卷 [M]. 成都：四川人民出版社，2010.

[67] 贾顺先，戴大禄. 四川思想家 [M]. 成都：巴蜀书

社，1988.

　　［68］贾谊. 新书校注［M］. 阎振益，钟夏，校注. 北京：中华书局，2000.

　　［69］蒋宝德，李鑫生. 中国地域文化：全2册［M］. 济南：山东美术出版社，1997.

　　［70］蒋伯潜. 十三经概论［M］. 上海：世界书局，1944.

　　［71］蒋天枢. 楚辞校释［M］. 上海：上海古籍出版社，1989.

　　［72］焦循. 孟子正义：全2册［M］. 北京：中华书局，1987.

　　［73］荆门市博物馆. 郭店楚墓竹简［M］. 北京：文物出版社，1998.

　　［74］康德. 自然地理学［M］. 李秋零，译. 康德著作全集：第9卷. 北京：中国人民大学出版社，2010.

　　［75］赖永海. 中国佛教通史：全15卷［M］. 南京：江苏人民出版社，2010.

　　［76］来知德. 周易集注［M］//景印文渊阁四库全书：第32册. 台北：台湾商务印书馆，1986.

　　［77］来知德. 重刻来瞿唐先生日录［M］//续修四库全书：第1128册. 上海：上海古籍出版社，2002.

　　［78］冷成金. 苏轼的哲学观与文艺观［M］. 北京：学苑出版社，2003.

　　［79］李翱. 李文公集［M］. 上海：上海古籍出版社，1993.

　　［80］李白. 李太白全集：全3册［M］. 北京：中华书局，1977.

　　［81］李塨. 李氏学乐录［M］. 上海：商务印书馆，1939.

　　［82］黎靖德. 朱子语类：全8册［M］. 北京：中华书局，1986.

［83］李凯. 苏氏蜀学文艺思想的巴蜀文化特征［J］. 四川师范大学学报（社会科学版），2001（5）.

［84］李凯. 巴蜀文艺思想史论［M］. 北京：商务印书馆，2016.

［85］李德书. 巴蜀文化简论［M］. 成都：四川科学技术出版社，2008.

［86］李日华. 六研斋笔记 紫桃轩杂缀［M］. 南京：凤凰出版社，2010.

［87］李天道. 司马相如赋的美学思想与地域文化心态［M］. 北京：中国社会科学出版社，北京：华龄出版社，2004.

［88］李天道. 西部地域文化心态与民族审美精神［M］. 北京：中国社会科学出版社，2010.

［89］李延寿. 北史：全10册［M］. 北京：中华书局，1974.

［90］李远国. 四川道教史话［M］. 成都：四川人民出版社，1985.

［91］李泽厚. 美学三书［M］. 合肥：安徽教育出版社，1999.

［92］李泽厚，刘纲纪. 中国美学史：第1卷［M］. 北京：中国社会科学出版社，1984.

［93］李泽厚，刘纲纪. 中国美学史：第2卷（上下册）［M］. 北京：中国社会科学出版社，1987.

［94］梁启超. 论中国学术思想变迁之大势［M］. 上海：上海古籍出版社，2019.

［95］梁漱溟. 中国文化要义［M］. 上海：上海人民出版社，2011.

[96] 林向. 蜀酒探原：巴蜀的"萨满式文化"研究之一 [A]. 南方民族考古：第 1 辑 [C]. 成都：四川大学出版社，1987.

[97] 刘韶军. 太玄校注 [M]. 武汉：华中师范大学出版社，1996.

[98] 刘向. 说苑疏证 [M]. 赵善诒，疏证. 上海：华东师范大学出版社，1985.

[99] 刘向. 新序疏证 [M]. 赵善诒，疏证. 上海：华东师范大学出版社，1989.

[100] 刘勰. 文心雕龙注：全 2 册 [M]. 范文澜，注. 北京：人民文学出版社，1958.

[101] 刘昫，等. 旧唐书：全 16 册 [M]. 北京：中华书局，1975.

[102] 刘文典. 淮南鸿烈集解：全 2 册 [M]. 北京：中华书局，1989.

[103] 刘咸炘. 刘咸炘诗文集 [M]. 上海：华东师范大学出版社，2010.

[104] 刘义庆. 世说新语汇校集注 [M]. 刘孝标，注. 朱铸禹，汇校集注. 上海：上海古籍出版社，2002.

[105] 刘沅. 拾馀四种 [M]. 清庚午年（1870）致福楼重刊本.

[106] 刘沅. 槐轩全书：全 10 册 [M]. 成都：巴蜀书社，2006.

[107] 刘沅. 十三经恒解：全 10 卷 [M]. 成都：巴蜀书社，2016.

[108] 刘岳中. 申斋集 [M] //景印文渊阁四库全书：第 1204 册. 台北：台湾商务印书馆，1986.

［109］卢国龙. 中国重玄学：理想与现实的殊途与同归［M］.
北京：人民中国出版社，1993.

［110］陆游. 老学庵笔记［M］. 北京：中华书局，1979.

［111］骆冬青. 论政治美学［J］. 南京师大学报（社会科学版），
2003（3）.

［112］吕思勉，述，黄永年，记. 吕思勉文史四讲［M］. 北京：
中华书局，2008.

［113］马丁·布伯. 我与你［M］. 陈维纲，译. 北京：生活·
读书·新知三联书店，1986.

［114］马克思. 1844 年经济学哲学手稿［M］. 中共中央马克思
恩格斯列宁斯大林著作编译局，编译. 北京：人民出版社，2000.

［115］马克思，恩格斯. 德意志意识形态［M］//中共中央马克
思恩格斯列宁斯大林著作编译局，编译. 马克思恩格斯全集：第 3 卷.
北京：人民出版社，1960.

［116］马鸣. 大乘起信论［M］. 真谛，译//大正新修大藏经：
第 32 卷. 台北：财团法人佛陀教育基金会出版部，1990.

［117］马一浮. 马一浮全集：全 6 册［M］. 杭州：浙江古籍出
版社，2013.

［118］麦克·克朗. 文化地理学［M］. 杨淑华，宋慧敏，译.
南京：南京大学出版社，2003.

［119］蒙培元. 理学范畴系统［M］. 北京：人民出版社，1989.

［120］蒙培元. 情感与理性［M］. 北京：中国社会科学出版
社，2002.

［121］蒙文通. 蒙文通全集：全 6 册［M］. 成都：巴蜀书

社，2015.

［122］米歇尔·福柯. 词与物：人文科学的考古学［M］. 修订译本. 莫伟民，译. 上海：上海三联书店，2016.

［123］欧阳修. 新五代史：全3册［M］. 北京：中华书局，1974.

［124］欧阳修. 欧阳修全集：全6册［M］. 北京：中华书局，2001.

［125］潘显一，李裴，申喜萍，等. 道教美学思想史研究［M］. 北京：商务印书馆，2010.

［126］裴休，问. 宗密，答. 中华传心地禅门师资承袭图［M］//卍续藏经：第110册. 台北：新文丰出版股份有限公司，1994.

［127］皮朝纲，董运庭. 静默的美学［M］. 成都：成都科技大学出版社，1991.

［128］皮朝纲. 中国美学沉思录［M］. 成都：四川民族出版社，1997.

［129］平山观月. 书法艺术学［M］. 喻建十，译. 成都：四川人民出版社，2008.

［130］蒲道源. 闲居丛稿［M］//景印文渊阁四库全书：第1210册. 台北：台湾商务印书馆，1986.

［131］普济. 五灯会元：全3册［M］. 北京：中华书局，1984.

［132］漆侠. 宋学的发展和演变［M］. 石家庄：河北人民出版社，2002.

［133］钱穆. 中国文化精神［M］//钱宾四先生全集：第38册. 台北：联经出版事业公司，1998.

[134] 谯周. 法训 [M] //王仁俊, 辑. 玉函山房辑佚书续编三种. 上海：上海古籍出版社, 1989.

[135] 谯周. 谯子法训 [M] //马国翰, 辑. 玉函山房辑佚书：第4册. 扬州：广陵书社, 2004.

[136] 卿希泰. 中国道教思想史纲：第1卷 [M]. 成都：四川人民出版社, 1980.

[137] 卿希泰. 中国道教思想史纲：第2卷 [M]. 成都：四川人民出版社, 1985.

[138] 卿希泰. 中国道教史：全4卷 [M]. 成都：四川人民出版社, 1988—1996.

[139] 卿希泰. 续·中国道教思想史纲 [M]. 成都：四川人民出版社, 1999.

[140] 卿希泰, 詹石窗. 中国道教思想史：全4卷 [M]. 北京：人民出版社, 2009.

[141] 丘濬. 丘濬集：全10册 [M]. 海口：海南出版社, 2006.

[142] 权锡焕. 中国地域文化研究 [M]. 长沙：岳麓书社, 2007.

[143] 冉云华. 宗密 [M]. 台北：东大图书股份有限公司, 1988.

[144] 阮元, 校刻. 十三经注疏：全2册 [M]. 北京：中华书局, 1980.

[145] 僧肇. 肇论 [M] //大正新修大藏经：第45卷. 台北：财团法人佛陀教育基金会出版部, 1990.

[146] 上海书画出版社. 历代书法论文选 [M]. 上海：上海书

画出版社，1979.

[147] 沈约. 宋书：全8册 [M]. 北京：中华书局，1974.

[148] 释道元. 景德传灯录 [M]. 成都：成都古籍书店，2000.

[149] 四川省哲学社会科学学会联合会. 川酒发展战略探讨 [M]. 成都：四川省社会科学院出版社，1987.

[150] 司空图. 司空表圣文集 [M]. 清光绪三十一年（1905）结一庐朱氏剩余丛书刊本.

[151] 司马承祯. 坐忘论 [M] //道藏：第22册. 北京：文物出版社，上海：上海书店，天津：天津古籍出版社，1988.

[152] 司马迁. 史记：全10册 [M]. 北京：中华书局，1959.

[153] 司马相如. 司马相如集校注 [M]. 金国永，校注. 上海：上海古籍出版社，1993.

[154] 苏轼. 苏东坡全集：全2册 [M]. 上海：世界书局，1936.

[155] 苏轼. 苏轼文集：全6册 [M]. 北京：中华书局，1986.

[156] 苏轼. 苏轼全集：全3册 [M]. 上海：上海古籍出版社，2003.

[157] 苏宁. 三星堆的审美阐释 [M]. 成都：巴蜀书社，2007.

[158] 苏宁. 中国·四川抗战时期的美学家研究 [M]. 北京：中国文联出版社，2015.

[159] 苏洵. 嘉祐集笺注 [M]. 曾枣庄，金成礼，笺注. 上海：上海古籍出版社，1993.

[160] 苏舆. 春秋繁露义证 [M]. 北京：中华书局，1992.

[161] 苏辙. 道德真经注 [M] //道藏：第12册. 北京：文物出

版社，上海：上海书店，天津：天津古籍出版社，1988.

[162] 苏辙. 苏辙集：全 4 册. 北京：中华书局，1990.

[163] 苏辙. 诗集传［M］//儒藏：精华编·第 24 册. 北京：北京大学出版社，2008.

[164] 谭兴国. 蜀中文章冠天下：巴蜀文学史稿［M］. 成都：四川人民出版社，2001.

[165] 汤用彤. 魏晋玄学论稿［M］. 增订版. 北京：生活·读书·新知三联书店，2009.

[166] 汤用彤. 儒学·佛学·玄学［M］. 南京：江苏文艺出版社，2009.

[167] 童恩正. 古代的巴蜀［M］. 成都：四川人民出版社，1979.

[168] 陶渊明. 陶渊明集［M］. 香港：中华书局香港分局，1987.

[169] 脱脱，等. 宋史：全 40 册［M］. 北京：中华书局，1977.

[170] 万光治. 汉赋通论［M］. 成都：巴蜀书社，1989.

[171] 王安石. 王安石全集：全 2 册［M］. 台北：河洛图书出版社，1974.

[172] 王弼. 王弼集校释：全 2 册［M］. 楼宇烈，校释. 北京：中华书局，1980.

[173] 王弼，注. 老子道德经注校释［M］. 楼宇烈，校释. 北京：中华书局，2008.

[174] 王川平，李大刚. 中国地域文化通览：重庆卷［M］. 北京：中华书局，2014.

[175] 王符. 潜夫论笺校正 [M]. 汪继培, 笺. 彭铎, 校正. 北京: 中华书局, 1985.

[176] 王夫之. 庄子解 [M]. 北京: 中华书局, 1964.

[177] 王夫之. 礼记章句 [M] //船山全书: 第4册. 长沙: 岳麓书社, 1988.

[178] 王海林. 佛教美学 [M]. 合肥: 安徽文艺出版社, 1992.

[179] 王畿. 王龙溪全集: 全3册 [M]. 台北: 华文书局, 1970.

[180] 王聘珍. 大戴礼记解诂 [M]. 北京: 中华书局, 1983.

[181] 汪荣宝. 法言义疏: 全2册 [M]. 北京: 中华书局, 1987.

[182] 王世德. 儒道佛美学的融合: 苏轼文艺美学思想研究 [M]. 重庆: 重庆出版社, 1993.

[183] 王守仁. 王阳明全集: 全2册 [M]. 上海: 上海古籍出版社, 1992.

[184] 王先谦. 荀子集解: 全2册 [M]. 北京: 中华书局, 1988.

[185] 魏了翁. 鹤山集 [M] //景印文渊阁四库全书: 第1172、1173册 [M]. 台北: 台湾商务印书馆, 1986.

[186] 魏了翁. 渠阳集 [M]. 长沙: 岳麓书社, 2012.

[187] 魏征, 令狐德棻. 隋书: 全6册 [M]. 北京: 中华书局, 1973.

[188] 吴承学. 汉魏六朝挽歌考论 [J]. 文学评论, 2002 (3).

[189] 吴筠. 宗玄先生玄纲论 [M] //道藏: 第23册. 北京: 文

物出版社，上海：上海书店，天津：天津古籍出版社，1988.

［190］伍蠡甫. 西方文论选：全2卷［M］. 上海：上海译文出版社，1979.

［191］吴任臣. 十国春秋：全4册［M］. 北京：中华书局，1983.

［192］夏君虞. 宋学概要［M］. 上海：商务印书馆，1937.

［193］谢赫. 古画品录［M］//卢辅圣. 中国书画全书：第1册. 上海：上海书画出版社，1993.

［194］熊安明，徐仲林，李定开. 四川教育史稿［M］. 成都：四川教育出版社，1993.

［195］徐大椿. 乐府传声［M］//续修四库全书：第1758册. 上海：上海古籍出版社，2002.

［196］徐复观. 中国艺术精神［M］. 台北：台湾学生书局，1966.

［197］许慎. 说文解字注［M］. 段玉裁，注. 上海：上海古籍出版社，1981.

［198］许维遹. 吕氏春秋集释：全2册［M］. 北京：中华书局，2009.

［199］徐文武. 楚国思想史［M］. 武汉：湖北人民出版社，2003.

［200］薛瑄. 读书录［M］//景印文渊阁四库全书：第711册. 台北：台湾商务印书馆，1986.

［201］徐中舒. 论巴蜀文化［M］. 成都：四川人民出版社，1982.

［202］严可均，校辑. 全上古三代秦汉三国六朝文：全 4 册 ［M］. 北京：中华书局，1958.

［203］严遵. 老子指归 ［M］. 王德有，点校. 北京：中华书局，1994.

［204］杨国荣. 伦理与存在：道德哲学研究 ［M］. 桂林：广西师范大学出版社，2015.

［205］杨明照. 抱朴子外篇校笺：上册 ［M］. 北京：中华书局，1991.

［206］杨明照. 抱朴子外篇校笺：下册 ［M］. 北京：中华书局，1997.

［207］杨慎. 丹铅总录 ［M］. 美国加利福尼亚大学伯克利分校图书馆藏明万历十六年（1588）陆弼刊本.

［208］杨慎. 升庵全集：全 8 册 ［M］. 上海：商务印书馆，1937.

［209］杨慎. 升庵诗话 ［M］. 上海：商务印书馆，1939.

［210］杨慎. 画品 ［M］//卢辅圣. 中国书画全书：第 3 册. 上海：上海书画出版社，1992.

［211］杨世明. 巴蜀文学史 ［M］. 成都：巴蜀书社，2003.

［212］扬雄. 扬雄集校注 ［M］. 张震泽，校注. 上海：上海古籍出版社，1993.

［213］扬雄. 太玄集注 ［M］. 司马光，集注. 北京：中华书局，1998.

［214］叶朗. 中国美学史大纲 ［M］. 上海：上海人民出版社，1985.

［215］叶朗. 现代美学体系［M］. 北京：北京大学出版社，1999.

［216］叶平. 三苏蜀学思想研究［M］. 郑州：河南大学出版社，2011.

［217］诸真圣胎神用诀［M］//道藏：第18册. 北京：文物出版社，上海：上海书店，天津：天津古籍出版社，1988.

［218］增一阿含经［M］. 瞿昙僧伽提婆，译//大正新修大藏经：第2卷. 台北：财团法人佛陀教育基金会出版部，1990.

［219］金刚般若波罗蜜经［M］. 鸠摩罗什，译//大正新修大藏经：第8卷. 台北：财团法人佛陀教育基金会出版部，1990.

［220］大般涅槃经［M］. 昙无谶，译//大正新修大藏经：第12卷. 台北：财团法人佛陀教育基金会出版部，1990.

［221］应劭. 风俗通义校注：全2册［M］. 王利器，校注. 北京：中华书局，1981.

［222］于省吾. 甲骨文字诂林：全4册［M］. 北京：中华书局，1996.

［223］袁庭栋. 巴蜀文化志［M］. 修订本. 成都：巴蜀书社，2009.

［224］曾大兴. 文学地理学研究［M］. 北京：商务印书馆，2012.

［225］曾春海. 中国哲学概论［M］. 台北：五南图书出版公司，2005.

［226］曾慥. 道枢［M］//道藏：第20册. 北京：文物出版社，上海：上海书店，天津：天津古籍出版社，1988.

［227］曾枣庄，舒大刚. 三苏全书：全10册［M］. 北京：语文出版社，2001.

［228］宗宝. 六祖大师法宝坛经［M］//大正新修大藏经：第48卷. 台北：财团法人佛陀教育基金会出版部，1990.

［229］宗密. 原人论［M］//大正新修大藏经：第45卷. 台北：财团法人佛陀教育基金会出版部，1990.

［230］宗密. 禅源诸诠集都序［M］//大正新修大藏经：第48卷. 台北：财团法人佛陀教育基金会出版部，1990.

［231］宗密. 圆觉经大疏［M］//卍续藏经：第14册. 台北：新文丰出版股份有限公司，1995.

［232］宗密. 圆觉经略疏钞［M］//卍续藏经：第15册. 台北：新文丰出版股份有限公司，1995.

［233］宗杲. 大慧普觉禅师语录［M］. 潘桂明，释译. 北京：东方出版社，2018.

［234］张岱年. 中国哲学大纲［M］. 北京：中国社会科学出版社，1982.

［235］张法. 政治美学：历史源流与当代理路［J］. 文艺争鸣，2017（4）.

［236］张辂. 太华希夷志［M］//道藏：第5册. 北京：文物出版社，上海：上海书店，天津：天津古籍出版社，1988.

［237］张三丰. 张三丰全集［M］. 杭州：浙江古籍出版社，1990.

［238］张廷玉，等. 明史：全28册［M］. 北京：中华书局，1974.

［239］张文利. 魏了翁文学研究［M］. 北京：中华书局，2008.

［240］章希贤. 道法宗旨图衍义［M］//道藏：第32册. 北京：文物出版社，上海：上海书店，天津：天津古籍出版社，1988.

［241］张在德，唐建军. 中国地域文化通览：四川卷［M］. 北京：中华书局，2014.

［242］张彦远. 历代名画记［M］. 北京：中华书局，1985.

［243］张自烈，廖文英. 正字通［M］. 北京：中国工人出版社，1996.

［244］赵崇祚. 花间集校注：全4册［M］. 赵景龙，校注. 北京：中华书局，2015.

［245］赵道一. 历世真仙体道通鉴［M］//道藏：第5册. 北京：文物出版社，上海：上海书店，天津：天津古籍出版社，1988.

［246］郑德坤. 四川古代文化史［M］. 成都：巴蜀书社，2004.

［247］郑家治，李咏梅. 明清巴蜀诗学研究：全2册［M］. 成都：巴蜀书社，2008.

［248］郑灿，订正. 易经来注图解［M］. 成都：巴蜀书社，1989.

［249］郑万耕. 太玄校释［M］. 北京：北京师范大学出版社，1989.

［250］郑文. 扬雄文集笺注［M］. 成都：巴蜀书社，2000.

［251］中峰明，本撰. 慈寂，编. 天目中峰和尚广录［M］. 明洪武二十年（1387）刻本.

［252］钟嵘. 诗品注［M］. 陈延杰，注. 北京：人民文学出版社，1961.

［253］钟仕伦. 南北文化与美学思潮［M］. 成都：四川大学出版社，1995.

［254］钟仕伦. 论康德的地域美学思想：以《自然地理学》为中心［J］. 四川师范大学学报（社会科学版），2013（6）.

［255］钟仕伦. 概念、学科与方法：文学地理学略论［J］. 文学评论，2014（4）.

［256］周敦颐. 周敦颐集［M］. 北京：中华书局，2009.

［257］周桂钿. 秦汉思想史：全2册［M］. 福州：福建教育出版社，2015.

［258］周绍贤. 佛学概论［M］. 台北：台湾商务印书馆，1987.

［259］周勇. 重庆通史：全2册［M］. 重庆：重庆出版社，2014.

［260］朱伯崑. 易学哲学史：全4卷［M］. 北京：华夏出版社，1994.

［261］朱肱. 酒经［M］//中国古代酒文献辑录：第3册. 北京：全国图书馆文献缩微复制中心，2004.

［262］朱谦之. 老子校释［M］. 北京：中华书局，1984.

［263］祝尚书. 宋代巴蜀文学通论［M］. 成都：巴蜀书社，2005.

［264］朱彝尊. 曝书亭集：全2册［M］. 上海：世界书局，1937.

［265］朱熹. 朱子文集：全10册［M］. 上海：商务印书馆，1936.

［266］朱熹. 四书章句集注［M］. 北京：中华书局，1983.

［267］朱熹. 诗集传［M］. 北京：中华书局，2011.

［268］朱志荣. 中国艺术哲学［M］. 上海：华东师范大学出版社，2012.

［269］朱志荣. 中国审美理论［M］. 上海：上海人民出版社，2013.

后　记

　　巴蜀美学是中华美学的有机组成部分，巴蜀美学精神也是丰富多彩的中华美学精神的有机组成部分。长期以来，撰写中华美学史多从时间的维度进行纵向书写，而较少对神州大地各区域审美意识和美学思想进行横向观照。

　　在读研究生时，钟仕伦先生除为我们讲授"《乐记》美学思想""魏晋玄学与美学"外，还重点讲授了"南北文化与美学思潮"的专题课，其中的核心内容为钟先生提出的"地域审美观"，也有关于巴蜀审美意识和美学思想的内容。作为我的导师，钟先生也时常告诉我，要重视地域文化对我国历史上某个人、某个时代的美学思想的影响。2013年，我进入华东师范大学中文系，跟随朱志荣先生攻读文艺学博士学位。朱先生在我们面前时常提起他的恩师蒋孔阳先生（1923—1999），以勉励我们刻苦学习、努力钻研。朱先生谈到过，蒋先生是重庆万州人，但他家却离城区有50公里，离乡镇也有一定距离，所以他小时候接触文艺的机会非常有限。不过，蒋先生的家周围全是高山、树林、溪流等，巴山蜀水就成为他最大的乐园和热爱的对象。也正是在这样的自然环境中，想象、幻象的能力得到激发，情感得到陶冶，为蒋先生后来从事美学、文艺学研究发挥着积极的作用。

　　我的祖籍在重庆巫溪，成长于四川乐山。人们常说自古巴蜀出才子，蜀中文章冠天下，等等，所以我一直都想写一本关于巴蜀美学的书，谈谈巴蜀中人对美和艺术的看法是怎样的，体现出什么样的独特精神品质，为中华美学做出的贡献是什么。五年前，我开始阅读有关巴蜀史、巴蜀文化的文献，一边读、一边记、一边思考，材料够了，就尝试着写出一篇文章。就这样一边读、一边记、一边写，又一边思考，五年过去了，撰写的论文内容大致涉及两汉到明清。本书的主要内容正是由这些文章构成的。本书非一时一地和一气呵成完成的，而是五年来陆陆续续撰写的，故严格意义上不能称"史"而应曰"史稿"。既然是"史稿"，就说明它只是我对巴蜀美学的初步思考，其中还存在这样那样的不完善、不成熟之处，所以衷心希望学界师友批评、指正。

　　当然，关于巴蜀美学的研究我还会继续做下去，争取能够早日完成一部上自史前、下至近现代的"巴蜀美学通史"，以揭示古今巴蜀学人对中华美学的贡献以及巴蜀美学的精神特质和当代价值。